安全生产培训统编教材

金属非金属矿井通风作业

湖北省安全生产宣传教育中心　组织编写

主编：刘　越
主笔：熊远喜

图书在版编目（CIP）数据

金属非金属矿井通风作业/刘越，熊远喜，熊勇编著. —北京：气象出版社，2011.9
 ISBN 978-7-5029-5273-0

Ⅰ.①金… Ⅱ.①刘…②熊…③熊… Ⅲ.①金属矿-矿山通风-安全技术-技术培训-教材②非金属矿-矿山通风-安全技术-技术培训-教材 Ⅳ.①TD72

中国版本图书馆 CIP 数据核字（2011）第 178551 号

出版发行：气象出版社	
地　　址：北京市海淀区中关村南大街46号	邮政编码：100081
总 编 室：010-68407112	发 行 部：010-68407948
网　　址：http://www.cmp.cma.gov.cn	E-mail：qxcbs@cma.gov.cn
责任编辑：彭淑凡　齐翟	终　　审：章澄昌
封面设计：燕　彤	责任技编：吴庭芳
印　　刷：北京奥鑫印刷厂	
开　　本：850 mm×1168 mm 1/32	印　　张：5.5
字　　数：143 千字	
版　　次：2011年9月第1版	印　　次：2011年9月第1次印刷
定　　价：15.00元	

本书如存在文字不清、漏印以及缺页、倒页、脱页等，请与本社发行部联系调换。

编委会

主　任：邓楚祥

委　员：（按姓氏笔画排序）

　　　　王从山　向　维　刘　越　刘　博

　　　　孙恩吉　何武志　郑应国　孟庆贵

　　　　赵云胜　贺小明　康　勇　童　江

　　　　熊　勇　熊远喜

序

  金属非金属矿山地质条件复杂，采矿方法差异很大，自然界一些因素对安全采掘造成重大影响，加上安全基础条件、安全管理等方面的原因，安全生产形势目前仍然严峻。根据金属非金属矿山发生多类事故的调查了解，事故的主要原因，还在于人员安全意识观念淡薄、专业知识匮乏、违规违章作业等。因此，开展全员安全教育培训，成为加强金属非金属矿山企业安全生产工作的一项主要任务。

  为了加强矿山安全生产工作，《安全生产法》、《劳动法》、《矿山安全法》等有关法律、法规作出了一系列强制性要求，规定矿山从业人员未经安全生产培训合格，不得上岗作业。2010年，国家安全生产监督管理总局以第30号令发布了新的《特种作业人员安全技术培训考核管理规定》，将"金属非金属矿井通风作业"这一重要工种，纳入特种作业目录，并明确规定"特种作业人员应当接受与其所从事的特种作业相应的安全技术理论培训和实际操作培训"。

  一直以来，湖北省省委、省政府高度重视安全生产工作，各级安监部门积极贯彻国家安全生产法律法规，组织开展了金属非金属矿山专项整治和隐患排查治理两个攻坚战，着力推进安全基础管理的强化，加大源头治本、政策治本力度，加强金属非金属矿山安全监管、监察执法和行业管理，有力推进了金属非金属矿山安全工作。"十一五"期间（2006年至2010年）全省金属非金属矿山死亡总人数515人，比"十五"期间减少了272人，下降34.5％；发生较大事故13起，死亡54人，比"十五"期间19起死亡78人，减少了6起24人，事故起数和死亡人数逐年下降。整个"十一五"期间全省金属非金属矿山及相关行业未发生一起重大以上事故，持续保持了总体稳定、趋向好转的发展态势。

但是，我们也要清醒地看到，金属非金属矿山安全生产形势依然严峻，矿山安全工作还面临诸多压力和挑战，安全培训教育必须进一步加强。为确保人民群众的生命财产安全，推动矿山企业安全培训，对相关管理人员和矿井通风作业人员进行系统全面的培训，提升矿山安全管理人员的安全素质和管理水平，提高从业人员的安全意识和职业技能。湖北省安全生产宣传教育中心根据安全生产法律法规、最新安全生产标准和技术规范，在总结经验并广泛征求各方面意见的基础上，组织编写了这本《金属非金属矿井通风作业》培训教材。

我们希望，通过《金属非金属矿井通风作业》以及后续安全培训教材的推广和使用，进一步促进我省矿山企业的安全生产培训工作，真正落实企业安全生产主体责任，不断提高安全生产管理水平，增强全员安全生产意识，规范安全生产行为，逐步建立起安全生产长效机制，为改善矿山企业安全生产状况进一步稳定好转作出积极的贡献。

湖北省安全生产监督管理局副局长 舒永健

2011年7月26日

前　言

金属非金属矿井作业是在地下深处进行，空间狭窄、气候条件较差，各种有毒有害气体浓度大，作业环境复杂。据有关资料统计表明，井下作业员工职业病患者人数占金属非金属矿山企业职业病总人数的46.5%。导致职业病的主要原因是矿井通风不良，有毒有害气体未彻底排除。因此，为了增强通风岗位员工的责任感和提高实施通风的操作技能，改善矿井作业环境，确保矿井作业人员的人身安全与健康，湖北省安全生产宣传教育中心组织专业技术人员编写了《金属非金属矿井通风作业》培训教材。

本教材针对当前金属非金属矿井通风所面临的实际情况，系统介绍了矿井通风作业的法规和矿井通风安全技术。全书共分三章：安全基本知识、安全技术基础知识、实际操作技能。

本教材注重理论联系实际，完全按照国家安全监管总局颁布的培训大纲及考核标准要求进行编写，重点突出安全技术和操作规范，力求做到内容的知识性、专业性、实用性和系统性相统一。本书是金属非金属矿井通风和防尘岗位操作员工的培训教材，也可供从事矿山生产的相关技术人员参考。

本教材由刘越主编，熊远喜主笔，熊勇、孟庆贵、康勇参与编写。孙恩吉、刘博审定。

湖北省安全生产宣传教育中心
2011年7月

目 录

序 ……………………………………………………………… 1

前 言 …………………………………………………………… 1

第一章 安全基本知识 ………………………………………… 1

　第一节　金属非金属矿山相关安全生产法律法规与
　　　　　金属非金属矿山安全管理 ……………………… 1
　　一、安全生产方针 ………………………………………… 1
　　二、金属非金属矿山相关安全生产法律法规有关规定 …… 2
　　三、金属非金属矿山从业人员安全生产的权利和义务 …… 11
　　四、特种作业人员安全技术培训考核管理规定 …………… 12
　　五、金属非金属矿山安全管理 ……………………………… 14
　　六、劳动保护相关知识 ……………………………………… 17
　第二节　金属非金属矿山生产技术与主要灾害事故防治 …… 23
　　一、金属非金属矿山生产技术基本知识 …………………… 23
　　二、金属非金属矿山安全生产的特点、常见的危险和
　　　　职业危害因素 …………………………………………… 29
　　三、金属非金属矿山主要灾害事故的识别及其防治 ……… 36
　　四、安全色及安全标志 ……………………………………… 52
　第三节　金属非金属矿井通风人员的职业特殊性 …………… 57
　　一、金属非金属矿井通风的任务 …………………………… 57

二、矿井通风人员在防治金属非金属矿山灾害中的
　　　　重要作用 ··· 58
　　三、金属非金属矿井通风人员的职业道德和安全职责 ······ 58
　　四、案例分析 ··· 59
　第四节　职业病防治 ··· 60
　　一、职业病的危害 ··· 60
　　二、金属非金属矿山从业人员职业病预防的权利和义务 ······ 62
　　三、案例分析 ··· 62
　第五节　事故报告、急救与避灾 ································· 63
　　一、事故报告与现场急救处理 ································· 63
　　二、自救、互救与创伤急救 ··································· 65
　　三、金属非金属矿山发生各种灾害事故的避灾方法 ············ 72
　　四、矿山急救器材 ··· 77
　　五、地下矿山避灾系统及避灾设施 ····························· 80
　　六、案例分析 ··· 82

第二章　安全技术基础知识 ······································ 84

　第一节　矿内空气及气候条件 ··································· 84
　　一、矿内空气的主要成分及安全要求 ··························· 84
　　二、矿井空气中有毒有害物质、种类、性质、来源、
　　　　危害和最大允许浓度 ····································· 85
　　三、矿井中的氡及氡子体 ····································· 86
　　四、矿内温度、空气湿度、风速对人体的影响 ··················· 87
　第二节　矿井通风系统 ··· 88
　　一、矿井通风系统的安全要求 ································· 88
　　二、通风系统分类 ··· 89
　　三、阶段通风网路型式 ······································· 92
　　四、矿井通风构筑物 ··· 93

五、局部通风 ································· 96
第三节　矿用通风机 ································ 98
　　一、矿用轴流式通风机 ························· 99
　　二、矿用离心式通风机 ························· 101
　　三、通风机串联工作 ··························· 104
　　四、通风机并联工作 ··························· 104
　　五、通风机反风要求 ··························· 105
第四节　矿井通风压力与通风阻力 ···················· 107
　　一、矿内空气压力及其测定 ····················· 107
　　二、矿井通风阻力 ····························· 108
　　三、矿井通风动力 ····························· 109
第五节　矿井通风网路风量分配 ······················ 110
　　一、矿井通风网路的性质 ······················· 110
　　二、矿井风量的分配与调节 ····················· 111
　　三、矿井漏风及有效风量 ······················· 113
第六节　特殊条件矿井的通风措施 ···················· 115
　　一、含铀金属矿山防排氡措施 ··················· 115
　　二、使用柴油机设备的矿井的通风与净化 ········· 116
　　三、矿井降温与防冻 ··························· 117
第七节　矿井防尘 ·································· 119
　　一、矿尘的产生与粉尘的性质 ··················· 119
　　二、矿尘的危害 ······························· 121
　　三、矿井粉尘浓度的监测 ······················· 121
　　四、矿井防尘措施 ····························· 122
第八节　矿井防火 ·································· 125
　　一、矿井内因火灾 ····························· 125
　　二、矿井外因火灾 ····························· 126
　　三、矿井火灾的处理 ··························· 126

四、矿井火灾的预防措施 …………………………… 127
第九节　矿井通风管理 ………………………………… 129
　　一、矿井通风管理机构的设置及其职责 …………… 129
　　二、矿井通风检测及注意事项 ……………………… 131
　　三、风机站与风机的维护检测 ……………………… 133

第三章　实际操作技能 ……………………………………… 134

第一节　矿井通风系统图 ……………………………… 134
　　一、通风系统应掌握的内容 ………………………… 134
　　二、通风网络图的绘制 ……………………………… 134
第二节　井下通风情况检查与检查图表的填写 …… 136
　　一、检查时间 ………………………………………… 136
　　二、检查的内容 ……………………………………… 136
　　三、检查的方法 ……………………………………… 137
　　四、图表填写 ………………………………………… 137
第三节　独头工作面局部通风的风机布设方式和安全
　　　　技术要求 ……………………………………… 137
　　一、独头工作面局部通风的风机布置方式 ………… 137
　　二、独头工作面局部通风的风机布置安全技术要求 …… 138
第四节　井下风向的判断方法及井下风量、风向调节方法 … 138
　　一、风向的判断方法 ………………………………… 138
　　二、井下风量调节方法 ……………………………… 138
　　三、风向调节方法 …………………………………… 138
第五节　主扇风机的操作要领、保养及常见故障的判断
　　　　与处理 ………………………………………… 139
　　一、主扇风机、局扇的操作程序 …………………… 139
　　二、扇风机维护保养流程 …………………………… 139
　　三、扇风机常见故障的判断与处理 ………………… 140

四、风筒漏风的处理方法 …………………………… 141
第六节　通风构筑物的修建作业要领 …………………… 142
　　一、风门 ……………………………………………… 142
　　二、密闭 ……………………………………………… 142
　　三、风幛 ……………………………………………… 142
　　四、风桥 ……………………………………………… 142
　　五、风窗 ……………………………………………… 143
　　六、自动风门的维护 ………………………………… 143
　　七、局扇的安装与拆除 ……………………………… 143
　　八、风筒的安装与拆除 ……………………………… 143
　　九、局扇与风筒的运送 ……………………………… 144
第七节　井下反风操作要领及要求 ……………………… 144
　　一、反风适用条件及技术要求 ……………………… 144
　　二、反风时的操作注意事项 ………………………… 146
　　三、反风设施的维护 ………………………………… 147

附录　金属非金属矿井通风作业人员安全技术培训大纲和考核标准 ……………………………………………… 149

参考文献 ……………………………………………………… 161

第一章 安全基本知识

第一节 金属非金属矿山相关安全生产法律法规与金属非金属矿山安全管理

一、安全生产方针

我国安全生产方针是"安全第一,预防为主,综合治理"。

安全第一,是指在生产过程中必须把安全放在第一位,切实保障劳动者的生命安全和身体健康。这是我们党和国家长期以来一直坚持的安全生产方针,充分表明了我们党和国家对安全生产的高度重视,对人民群众根本利益的高度重视。在新的历史条件下坚持安全第一,是贯彻落实以人为本的科学发展观、构建社会主义和谐社会的必然要求。

预防为主就是把安全生产工作的关口前移,超前防范,建立预教、预测、预想、预报、预防的递进式、立体化事故隐患预防体系,改善安全状况,预防生产安全事故。

综合治理,是指适应我国安全生产形势的要求,自觉遵循安全生产规律,正视安全生产工作的长期性、艰巨性和复杂性,抓住安全生产工作中的主要矛盾和关键环节,综合运用经济、法律、行政等手段,人管、法治、技防多管齐下,并充分发挥社会、职工、舆论的监督作用,有效解决安全生产领域中的问题。

二、金属非金属矿山相关安全生产法律法规有关规定

1. 安全生产法

(1) 生产经营单位应当对从业人员进行安全生产教育和培训,保证从业人员具备必要的安全生产知识,熟悉有关的安全生产规章制度和安全操作规程,掌握本岗位的安全操作技能。未经安全生产教育培训及考核合格的人员,不得上岗作业。

(2) 生产经营单位采用新工艺、新技术、新材料或者新设备,必须了解、掌握其安全技术特性,采取有效的安全防护措施,并对从业人员进行专门的安全生产教育和培训。

(3) 生产经营单位的特种作业人员必须按照国家有关规定经专门的安全作业培训,取得特种作业操作资格证书,方可上岗作业。

(4) 生产经营单位新建、改建、扩建工程项目的安全设施,必须与主体工程同时设计、同时施工、同时投入生产和使用。

(5) 矿山建设项目和用于生产、储存危险物品的建设项目,应当分别按照国家有关规定进行安全条件论证和安全评价。

(6) 生产经营单位应当在有较大危险因素的生产经营场所和有关设施、设备上,设置明显的安全标志。

(7) 生产经营单位使用的涉及生命安全、危险性较大的特种设备,以及危险物品的容器、运输工具,必须按照国家有关规定,由专业生产单位生产,并经取得专业资质的检验人员检验合格,方可投入使用。

(8) 生产经营单位对重大危险源应当登记建档,进行定期检测、评估、监控,并制定应急预案,告知从业人员和相关人员在紧急情况下应当采取的应急措施。

(9) 生产经营单位应当教育和督促从业人员严格执行本单位

的安全生产规章制度和安全操作规程，并向从业人员如实告知作业场所和工作岗位存在的危险因素、防范措施以及事故应急措施。

2. 矿山安全法

地下矿山应具备的安全生产条件：

(1) 每个矿井至少有两个独立的、能通过行人的、直达地面的安全出口。矿井的每个生产水平和各个采区至少有两个能行人的安全出口，并与直达地面的出口相通。

(2) 每个矿井有独立的、采用机械通风的通风系统，保证井下作业场所有足够的风量。

(3) 井巷断面能满足行人、运输、通风和安全设施、设备的安装、维修及施工要求。

(4) 相邻矿井之间、矿井与露天矿之间、矿井与老窑之间留有足够的安全隔离矿柱。矿山井巷布置留有足够的保障井上和井下安全的矿柱或者岩柱。

(5) 防排水系统完善。

(6) 溜矿井有防止和处理堵塞的安全措施。

(7) 矿井运输提升设备、装置及设施符合安全规程的要求。

(8) 每个矿井必须有防尘供水系统。

3. 职业病防治法

(1) 职业病的前期预防

产生职业病危害的用人单位在前期的预防除设立应当符合法律法规条件外，其工作场所还应符合下列职业卫生要求：

①职业病危害因素的强度或者浓度符合国家职业卫生标准；

②有与职业危害防护相适应的设施；

③生产布局合理，符合有害与无害作业分开的原则；

④有配套的更衣间、洗衣间、孕妇休息间等卫生设施；

⑤设备、工具、用具等设施符合保护劳动者生理、心理健康

的要求;

⑥法律、行政法规和国务院卫生行政部门关于保护劳动者健康的其他要求。

(2) 劳动过程中的防护与管理

①设置或者指定职业卫生管理机构或者组织,配备专职或者兼职的职业卫生专业人员,负责本单位的职业病防治工作。

②制定职业病防治计划和实施方案。

③建立、健全职业卫生管理制度和操作规程。

④建立、健全职业卫生档案和劳动者健康监护档案。

⑤建立、健全工作场所职业病危害因素监测及评价制度。

⑥建立、健全职业病危害事故应急救援预案。

⑦用人单位必须采用有效的职业病防护设施,并为劳动者提供个人使用的职业病防护用品。用人单位为劳动者个人提供的职业病防护用品必须符合防治职业病的要求,不符合要求的,不得使用。

⑧可能发生急性职业损伤的有毒、有害工作场所,用人单位应当设置报警装置,配置现场急救用品、冲洗设备、应急撤离通道和必要的泄险区。对放射工作场所和放射性同位素的运输、贮存,用人单位必须配置防护设备和报警装置,保证接触放射线的工作人员佩戴个人剂量计。对职业病防护设备、应急救援设施和个人使用的职业病防护用品,用人单位应当进行经常性的维护、检修,定期检测其性能和效果,确保其处于正常状态,不得擅自拆除或者停止使用。

4. 劳动法

女职工和未成年工的特殊保护:

(1) 女职工特殊保护

①禁止安排女职工从事矿山井下、国家规定的第四级体力劳动强度的劳动和其他禁忌从事的劳动。

②不准安排女职工在经期从事高处、低温、冷水作业和国家规定的第三级体力劳动强度的劳动。

③禁止安排女职工在怀孕期间从事国家规定的第三级体力劳动强度的劳动和孕期禁忌从事的活动。

④不准对怀孕7个月以上的女职工安排延长工作时间和夜班劳动。

⑤禁止安排女职工在哺乳未满1周岁婴儿期间从事国家规定的第三级体力劳动强度的劳动和哺乳期禁忌从事的劳动，不得延长其工作时间和安排夜班劳动。

⑥女职工在四期（经期、怀孕期、产期、哺乳期）的工资、福利等待遇不变。

(2) 未成年工特殊保护

①不得安排未成年工从事矿山井下、有毒有害、国家规定的第四级体力劳动强度的劳动和其他禁忌从事的劳动。

②用人单位应当对未成年工定期进行健康检查。

5. **工伤保险条例**

工伤的认定和待遇：

(1) 工伤的认定的范围

1) 职工有下列情形之一的，应当认定为工伤：

①在工作时间和工作场所内，因工作原因受到事故伤害的。

②在工作时间前后和工作场所内，从事与工作有关的预备性或收尾性工作受到事故伤害的。

③在工作时间和工作场所内，因履行工作职责受到暴力等意外伤害的。

④患职业病的。

⑤因工外出时间，由于工作原因受到伤害或者发生事故下落不明的。

⑥在上下班途中，受到非本人主要责任的交通事故或者城市

轨道交通、客运轮渡、火车事故伤害的。

⑦法律、行政法规规定应当认定为工伤的其他情形。

2) 职工有下列情形之一的，视同工伤：

①在工作时间和工作岗位，突发疾病死亡或者在 48 小时之内经抢救无效死亡的；

②在抢险救灾等维护国家利益、公共利益活动中受到伤害的；

③职工原在军队服役，因战、因公负伤致残，已取得革命伤残军人证，到用人单位后旧伤复发的。

职工有以上条款第①项、第②项情形的，按照本条例的有关规定享受工伤保险待遇；职工有以上条款第③项情形的，按照本条例的有关规定享受除一次性伤残补助金以外的工伤保险待遇。

3) 职工符合上述工伤认定或者视同工伤的规定条款，但是有下列情形之一的，不得认定为工伤或者视同工伤：

①故意犯罪的；

②醉酒或者吸毒的；

③自残或者自杀的。

(2) 工伤待遇

工伤保险条例规定，职工因工作受到事故伤害或者患职业病进行治疗，享受工伤医疗待遇。职工治疗工伤应当在签订服务协议的医疗机构就医，情况紧急时可以先到就近的医疗机构急救。治疗工伤所需费用符合工伤保险诊疗项目、工伤保险药品目录、工伤保险住院服务标准的，从工伤保险基金中支付。工伤保险条例规定职工住院治疗工伤的，由所在单位按照本单位因公出差伙食补助标准的 70% 发给住院伙食补助费，工伤职工到统筹地区以外就医的，所需交通、住宿费用从工伤保险基金支付，支付的具体标准由统筹地区人民政府规定，这样对报销比例不再限制于 70%。

6. 金属非金属地下矿山安全规程

（1）矿山井巷工程施工安全规定

1）施工前，必须组织施工人员学习施工组织设计。施工中，必须按照施工组织设计的规定作业、保证工程的规格质量。

2）每个矿井至少应有两个独立的直达地面的安全出口，安全出口的间距不得小于 30 m。大型矿井，矿床地质条件复杂，走向长度一翼超过 1000 m 的，应在矿体端部的下盘增设安全出口。每个生产水平（中段），都必须至少有两个便于行人的安全出口，并同通往地面的安全出口相通。

3）井巷的分道口必须有路标，注明其所在地点及通往地面出口的方向。所有井下作业人员，必须熟悉安全出口。

4）装有两部在动力上互不依赖的罐笼设备、且提升机均为双回路供电的竖井，可作为安全出口，而不必设梯子间。其他竖井作为安全出口时，必须有运行正常的提升设备和梯子间。

5）矿井存在跑矿危险的作业点，应设置确保人员安全撤离的通道。

6）行人的运输斜井应设人行道。人行道应符合以下要求：

①有效宽度，应不小于 1.0 m；

②有效净高，应不小于 1.9 m；

③斜井坡度为 10°~15°时，应设人行踏步；15°~35°时，应设踏步及扶手；大于 35°时，应设梯子；有轨运输的斜井，车道与人行道之间宜设坚固的隔离设施；未设隔离设施的，提升时禁止人员通过；

④行人的水平运输巷道应设行人道，其有效净高应不小于 1.9 m；

⑤无轨运输的斜坡道，应设人行道或躲避硐室。行人的无轨运输水平巷道应设人行道。人行道的净高应不小于 1.9 m。有效宽度不小于 1.2 m。躲避硐的间距在曲线段不超过 15 m，在直线

段不超过 30 m。躲避硐的高度不小于 1.9 m，深度和宽度均不小于 1.0 m；

⑥井巷支护。

a. 在不稳固的岩层中掘进巷道，必须进行支护；在松软或流砂岩层中掘进，永久性支护至掘进工作面之间，应架设临时支护或特殊支护；

b. 需要支护的巷道，支护方法、支护与工作面间的距离，应按施工设计中规定；中途停止掘进时，支护应及时跟至工作面；

c. 架设木支架不得使用腐朽、蛀孔、软杂木和劈裂的坑木。斜井支护应有下撑和拉杆。

(2) 地下开采的安全要求

1) 每个采区（盘区、矿块），均应有两个便于行人的安全出口，并经上、下巷道与通往地面的安全出口相通。安全出口应稳固，并根据需要设置梯子。

2) 矿柱回采和采空区处理方案应在设计中同时提出；中段矿房回采结束，应及时回采矿柱，矿柱回采速度应与矿房回采速度相适应；矿柱回采应采取后退式回采方式，并制定专门的安全措施。

3) 应严格控制矿柱（含顶柱、底柱和间柱等）的尺寸、形状和直立度，并有专人检查和管理，以保证其整个利用期间的稳定性。

4) 溜矿井不应放空。不合格的大块矿石、废旧钢材、木材等杂物，不准放入井内，以防堵塞。溜井口不准有水流入。人员严禁直接站在溜井、漏斗的矿石上或进入溜井与漏斗室内处理堵塞。采用特殊方法处理堵塞，应经主管矿长批准。

5) 采场放矿作业出现悬拱或立槽时，人员不应进入悬拱、立槽下方危险区进行处理。

6) 围岩松软不稳固的回采工作面、采准和切割巷道，应采取支护措施；因爆破或其他原因而受破坏的支护，应及时修复，确认安全后方准作业。

（3）运输与提升的安全规定

1）水平巷道运输的安全规定

采用电机车运输的矿井，由井底车场或平硐口到作业地点所经平巷长度超过 1500 m 时，应设专用人车运送人员。

专用人车运送人员应遵守如下规定：

①每班发车前，应有专人检查车辆各部机件状况，确认合格后方可运送人员；

②人员上下车的地点，应有良好的照明和发车电铃；

③调车场应设区间闭锁装置，人员上下车时，其他车辆不应进入乘车线；

2）乘车人员的安全规定

乘车人员应遵守如下规定：

①服从司机指挥；

②携带工具和零件，不准露出车外；

③列车行驶时和未停稳前，不准上下车或将头部和身体探出车外；

④严禁超员乘车，列车行驶时应挂好安全门链；

⑤严禁扒车、跳车和坐在车辆连接处或机车头部平台上；

⑥严禁搭乘除人车、抢救伤员和处理事故的车辆以外的其他车辆。

3）人力车运输的安全规定

人力车运输人员应遵守如下规定：

①推车人员应携带矿灯；

②在照明不佳的区段，严禁人力推车；

③每人只准推一辆矿车；

④同方向行驶的车辆，轨道坡度不应大于 0.5%，车辆间距不小于 10 m；坡度大于 0.5% 的，不小于 30 m；坡度大于 1% 的，

严禁采用人力推车；

⑤矿车通过道岔、巷道口、风门、弯道和坡度较大的区段，以及出现两车相遇、前面有人或者障碍物、脱轨、停车等情况，推车人要及时发出警号。

4）使用电机车运输的安全规定

使用电机车运输人员应遵守如下规定：

①有爆炸性气体的回风巷道，不准使用架线式电机车。

②高硫和有燃爆危险的矿井，应使用防爆型蓄电池电机车。

③每班应检查电机车的闸、灯、电铃、连接器和过电流保护装置，任何一项不正常，均不准使用。

④电机车运行，制动距离，运送人员应不超过 20 m，运送物料应不超过 40 m。14 t 以上的大型机车（双机车）牵引运输，应根据运输条件予以确定，但不能超过 80 m。

5）斜井运输的安全规定

斜井运输人员应遵守如下规定：

①供人员上、下的斜井，垂直深度超过 50 m 的，应设专用人车运送人员。斜井用矿车组提升时，严禁人货混合串车提升。

②专用人车应有顶棚，并装有可靠的断绳保险器。

③运送人员的列车，应有随车安全员。

④采用专用人车运送人员的斜井，应装设声、光信号装置。

⑤斜井运输的最高速度：运送人员或用矿车运送物料，斜井长度不大于 300 m 时，3.5 m/s；斜井长度大于 300 m 时，5 m/s。

6）竖井提升的安全规定

竖井提升操作人员应遵守如下规定：

①垂直深度超过 50 m 的竖井用作人员出入时，应采用罐笼或电梯升降人员。

②用于升降人员和物料的罐笼，应符合 GB 16542 的规定。

③罐笼的最大载重量和最大载人量，应在井口公布，不应超

载运行。

④每天必须由专职人员检查一次，提升系统各部机件是否完好。

⑤罐笼提升系统，应设有能从各中段发给井口总信号工转达提升机司机的信号装置。

⑥井口和井下各中段马头门车场，均应设信号装置。

⑦所有升降人员的井口及提升机室，均应悬挂每天上下班时间表、信号标志、每层允许乘罐人数、升降人员注意事项等。

三、金属非金属矿山从业人员安全生产的权利和义务

（1）生产经营单位与从业人员订立的劳动合同，应当载明有保障从业人员劳动安全、防止职业危害的事项，以及依法为从业人员办理工伤社会保险的事项。生产经营单位不得以任何形式与从业人员订立协议，免除或者减轻其对从业人员因生产安全事故伤亡依法应承担的责任。

（2）生产经营单位的从业人员有权了解其作业场所和工作岗位存在的危险因素、防范措施及事故应及措施，有权对本单位的安全生产工作提出建议。

（3）从业人员有权对本单位安全生产工作中存在的问题提出批评、检举、控告；有权拒绝违章指挥和强令冒险作业。生产经营单位不得因从业人员对本单位安全生产工作提出批评、检举、控告或者拒绝违章指挥、强令冒险作业而降低工资、福利等待遇或者解除与其订立的劳动合同。

（4）从业人员发现直接危及人身安全的紧急情况时，有权停止作业或者在采取可能的应急措施后撤离作业场所。生产经营单位不得因此而降低其工资或解除劳动合同。

（5）因生产安全事故受到损害的从业人员，除依法享受工伤社会保险外，依照有关民事法律尚有获得赔偿的权利的，有权向本单位提出赔偿要求。

（6）从业人员在作业过程中，应当严格遵守本单位的安全生产规章制度和操作规程，服从管理，正确佩戴和使用劳动防护用品。

（7）从业人员应当接受安全生产教育和培训，掌握本职工作所需的安全生产知识，提高安全生产技能，增强事故预防和应急处理能力。

（8）从业人员发现事故隐患或者其他不安全因素，应当立即向现场安全生产管理人员或者本单位负责人员报告；接到报告的人员应当及时予以处理。

四、特种作业人员安全技术培训考核管理规定

为了规范特种作业人员的安全技术培训考核工作，提高特种作业人员的安全技术水平，防止和减少伤亡事故，根据《安全生产法》、《行政许可法》等有关法律、行政法规，制定本规定。

（一）特种作业与特种作业人员的定义

1. 特种作业

特种作业，是指容易发生事故，对操作者本人、他人的安全健康及设备、设施的安全可能造成重大危害的作业。

特种作业的范围由特种作业目录规定，"金属非金属矿井通风作业"属于特种作业，指安装井下局部通风机，操作地面主要扇风机、井下局部通风机和辅助通风机，操作、维护矿井通风构筑物，进行井下防尘，使矿井通风系统正常运行，保证局部通风，以预防中毒窒息和除尘等的作业。

2. 特种作业人员

特种作业人员，是指直接从事特种作业的从业人员。

3. 特种作业人员应当符合下列条件

①年满18周岁，且不超过国家法定退休年龄；②经社区或者县级以上医疗机构体检健康合格，并无妨碍从事相应特种作业的

器质性心脏病、癫痫病、美尼尔氏症、眩晕症、癔病、震颤麻痹症、精神病、痴呆症以及其他疾病和生理缺陷；③具有初中及以上文化程度；④具备必要的安全技术知识与技能；⑤相应特种作业规定的其他条件。

（二）特种作业管理培训考核相关规定

（1）特种作业人员必须经专门的安全技术培训并考核合格，取得《中华人民共和国特种作业操作证》（以下简称特种作业操作证）后，方可上岗作业。

（2）特种作业人员应当接受与其所从事的特种作业相应的安全技术理论培训和实际操作培训。已经取得职业高中、技工学校及中专以上学历的毕业生从事与其所学专业相应的特种作业，持学历证明经考核发证机关同意，可以免予相关专业的培训。跨省、自治区、直辖市从业的特种作业人员，可以在户籍所在地或者从业所在地参加培训。

（3）特种作业操作证每3年复审1次。特种作业人员在特种作业操作证有效期内，连续从事本工种10年以上，严格遵守有关安全生产法律法规的，经原考核发证机关或者从业所在地考核发证机关同意，特种作业操作证的复审时间可以延长至每6年1次。

（4）特种作业操作证需要复审的，应当在期满前60日内，由申请人或者申请人的用人单位向原考核发证机关或者从业所在地考核发证机关提出申请，并提交下列材料：①社区或者县级以上医疗机构出具的健康证明；②从事特种作业的情况；③安全培训考试合格记录。特种作业操作证有效期届满需要延期换证的，应当按照前款的规定申请延期复审。

（5）特种作业操作证申请复审或者延期复审前，特种作业人员应当参加必要的安全培训并考试合格。安全培训时间不少于8个学时，主要培训法律、法规、标准、事故案例和有关新工艺、新技术、新装备等知识。

(6) 有下列情形之一的，考核发证机关应当撤销特种作业操作证：①超过特种作业操作证有效期未延期复审的；②特种作业人员的身体条件已不适合继续从事特种作业的；③对发生生产安全事故负有责任的；④特种作业操作证记载虚假信息的；⑤以欺骗、贿赂等不正当手段取得特种作业操作证的。特种作业人员违反前款第④项、第⑤项规定的，3年内不得再次申请特种作业操作证。

(7) 有下列情形之一的，考核发证机关应当注销特种作业操作证：①特种作业人员死亡的；②特种作业人员提出注销申请的；③特种作业操作证被依法撤销的。

(8) 离开特种作业岗位6个月以上的特种作业人员，应当重新进行实际操作考试，经确认合格后方可上岗作业。

五、金属非金属矿山安全管理

矿山企业应按照国家有关安全生产法律法规的规定，并结合本单位的实际情况，建立健全各项安全生产管理制度，使职工行动有准则，操作有规范，减少和避免生产安全事故的发生，实现安全生产之目的。

1. 安全生产责任制

安全生产责任制，是指对企业各级领导、各职能部门、工程技术人员和岗位生产员工在生产活动中应负的安全责任作出明确的规定。安全生产责任制的主要内容有以下几个方面：

(1) 各级行政负责人的安全生产职责；

(2) 各职能部门的安全生产职责；

(3) 安全管理机构的安全生产职责；

(4) 工程技术人员的安全生产职责；

(5) 职工安全通则。

2. 安全生产检查制度

安全生产检查制度是矿山企业安全生产管理工作的一项重要内容。其目的是通过检查，了解各部门、各车间的安全生产管理情况，发现生产现场人员的不安全行为、物的不安全状态、管理上的缺陷以及不安全的工作环境，并采取有效措施，及时解决和纠正，防止伤亡事故和职业病。安全生产检查的方式有以下几种：

(1) 定期安全检查；
(2) 专业安全检查；
(3) 综合性安全检查；
(4) 季节性安全检查。

3. 设备管理制度

设备是矿山企业获得经济效益的生产工具。因此，矿山企业必须制定详细的设备管理制度。管理制度的主要内容如下：

(1) 购置新设备的要求；
(2) 新设备安装；
(3) 设备操作规范；
(4) 设备使用期限；
(5) 设备更新配套；
(6) 制定设备大、中、小修及日常维护保养计划。

4. 安全教育制度

为了增强职工的安全意识，提高职工的安全操作技能，为确保安全生产奠定基础，必须加强对职工的安全教育。安全教育分为三级：

(1) 矿级安全教育；
(2) 车间（区队）级安全教育；
(3) 班组级安全教育。

5. 隐患整改制度

隐患整改是消除现场危险因素，确保安全生产的重一环。各级通过安全检查，查出的隐患按照"四定"，即定项目、定措施、定时间、定责任人；"三不交"，即班组能整改的不交工段，工段能整改的不交车间，车间能整改的不交矿的原则，进行整改。

6．劳动防护用品发放管理制度

劳动防护用品是保护职工在生产劳动过程中的安全与健康所必需的一种防护用品。因此，有关安全生产法律法规对职工使用的劳动防护用品作了明确规定，矿山企业应按照法律法规的标准，结合本企业的实际情况，制定劳动防护用品发放管理制度，按规定给职工发给符合国家标准的劳动防护用品。

7．安全确认制

(1) 操作确认制

一看、二问、三点动、四操作。即：

一看：看本机组（设备）各部位及周围环境是否符合开机条件；

二问：问各工种联系点是否准备就绪；

三点动：确认无误，发出启动设备信号，点动一下；

四操作：确认点动正确后按规程规定操作。

(2) 检修确认制

一查、二订、三警示、四切断、五执行。即：

一查：查作业现场和检修过程中的不安全因素；

二订：订检修安全措施；

三警示：设立安全警示标志；

四切断：切断能源动力和工艺介质；

五执行：按检修安全规定进行检修。

(3) 停送电确认制

一问、二核、三执行、四验。即：

一问：问清停送电的对象、时间、要求，并记录；

二核：核实停送电是否具备条件，确认停送电开关或按钮；

三执行：执行停送电操作规程；

四验：停送电后要严格验电，挂接地线，切断开关要挂牌。

8. 出入井制度

（1）出入井者，必须遵守出入井挂牌制度，入井时应先登记后入井，出井时先出井后登记。

（2）劳动防护用品穿戴不齐、不规范者，不准下井。

（3）上岗前凡饮酒、精神失常、视觉不清、听觉不灵或有其他生理缺陷者，严禁下井。

（4）入井后应走人行道，注意来往车辆，不准将工具和材料堆放在铁路轨道上。

（5）入井人员不准乘坐井下非载人车辆。

（6）禁止一人在井下爆破作业，不准一人进入偏僻地段和危险区域。

（7）作业前必须清楚爆破时间、地点、警戒范围，在爆破前必须撤离到安全地点。

（8）爱护安全生产设施、安全装置、安全标志。严禁触动非本人操作的设备。特种作业人员必须持证上岗。

（9）工作前必须"敲帮问顶"，作业中随时检查，发现顶帮松动或落石，应立即撤离到安全地点，并设置警戒和照明标志。

（10）不准在巷道内生火取暖、大声喧哗、打闹、睡觉和串岗。

（11）如遇突然停电，应立即停止工作，撤离到安全地点。

六、劳动保护相关知识

1. 劳动保护基本概念

劳动保护是指为了保护劳动者在生产劳动过程中的安全与健康，促进经济发展，在改善劳动条件、消除事故隐患，预防事故和职业病，实现劳逸结合等方面所采取的各种组织管理和科学技术措施。

2. 劳动保护的主要内容

劳动保护主要包括两个方面：劳动安全和劳动卫生。

（1）劳动安全主要是研究劳动者在生产劳动过程中的人身安全问题。

（2）劳动卫生主要是研究劳动者在生产劳动过程中的职业危害问题。

通常所讲的劳动保护是指对劳动者在生产劳动过程中可能引起伤亡和职业危害的保护。

3. 劳动保护与安全生产的关系

安全生产与劳动保护是什么关系？安全生产是指生产劳动过程中的人身安全和财产安全，通过采取措施使劳动者和设备财产安全从而使生产顺利进行。安全生产与劳动保护的主要区别：从出发点上看，前者是为了生产顺利进行，后者是为了劳动者的权益；从对象上看，前者不仅包括人身安全，还包括设备财产安全，后者主要是人身安全，还包括人身健康和防治职业危害；从范围上看，前者包括工矿安全、交通安全、铁路安全、民航安全、防火安全等，后者主要是工矿安全。

4. 劳动保护的主要任务

（1）积极开展事故预防工作，力争减少或避免工伤事故，保障劳动者的安全。

（2）积极开展职业危害的防治，减少或避免职业病的发生，保护劳动者的健康。

（3）不断改善劳动条件，为劳动者创造安全、卫生、舒适的环境。

（4）合理安排工作时间和休息时间，搞好劳逸结合。

（5）认真做好女职工和未成年工的特殊保护工作。

5. 劳动防护用品正确使用知识

(1) 安全帽的正确使用

①使用前应全面检查各配件有无损坏松脱情况；

②调节衬垫松紧带，使戴帽后头顶与帽顶的距离至少有 32 mm；

③帽带要系结实，绝对禁止把安全帽戴在脑后，以免降低安全帽对冲击的防护作用；

④不要为了透气随意在安全帽上开孔，这样会降低帽体强度；

⑤不得将安全帽当板凳使用，以免减少其使用寿命；

⑥安全帽出现龟裂、凹陷、裂痕、或帽衬损坏，应停止使用；

⑦热塑性塑料制作的安全帽不得用热水浸泡，更不能带入浴池内浸洗，严禁在暖气片、火炉上烘烤，只可用凉水冲洗。

(2) 工作服正确使用

①无论何种工作，处于有机械运转、重物移动及其他无特殊物理、化学因素场所岗位的作业人员，应穿着与本工作职业危害相对应的工作服。

②在有酸、碱、油、水场所岗位人员，应穿戴耐酸碱腐蚀、防油拒水性能较好的工作服。

③在有热辐射，均应穿着整齐，扣紧全部纽扣，严禁开襟露怀。

④旋转机械操作人员及有粉尘场所作业人员工作服的着装要做"三紧"，即袖口紧、领口紧、下摆紧。

⑤严禁私自换穿与作业场所不相适应的工作服，如在易燃易爆、烧灼、粉尘及有静电发生的场所换穿合成纤维制作的工作服。

⑥在特种作业场所作业的人员应按规定穿特种工作服，如防静电、防微波屏蔽工作服。

⑦特种工作服的穿着应在相关部门的具体指导下严格按照规定进行，不要不懂装懂，胡穿乱套。

(3) 工作鞋正确使用

1) 工作鞋适用场所

凡是从事生产活动或在生产现场行走的人员必须穿工作鞋。

①凡在接触笨重、坚硬、尖锐物体及其他无特殊物理、化学因素场所作业的人员，应穿硬底厚帮有一定防滑、防砸、防穿刺的工作鞋。

②在重物搬运或有砸伤危险性场所作业的员工，应穿着鞋尖有钢质内包头可以防砸护趾的工作鞋。

③在高温热辐射场所作业的员工，应穿耐高温工作鞋。

④在可能接触电气场所作业岗位的员工，应穿绝缘工作鞋。

⑤在有酸、碱、油、水场所作业的员工，应按规定穿防酸碱鞋、防油鞋、防水鞋。

2) 工作鞋的正确使用

①按适用场所选用鞋的种类，型号的选用要与脚型大小一致，且宜偏大偏胖一些，使脚穿进鞋后在脚尖前部分有 1 cm 左右的空间。

②工作鞋带应紧扣，不准穿没有带的鞋，鞋带不准脱散。

③穿工作鞋尽量避免潮湿、酸碱类物质，忌用火烤。

④绝缘鞋在使用前及使用期均应进行耐压强度试验，禁止超过耐压等级使用。使用后禁止放在阳光下曝晒。也不能保存在过冷、过热或有酸、碱、油的地方。

⑤防油鞋在使用中切忌接近高温、接触酸碱和强力摩擦，清洗时切忌用开水、碱水浸泡或用硬刷猛擦，洗后宜晾干。

⑥防水鞋在使用中切忌接触各种油类、有机溶剂和酸碱，应尽量远离高温热源。

⑦防酸碱鞋应避免接触油类、有机溶剂和锐利物，不得烘烤和暴晒。

(4) 手套的正确使用

1) 手套适用范围

①凡在接触无特殊物理、化学因素的物体或有特定工艺要求场所的员工,应使用由棉纱、尼龙等制作的一般手套。

②接触碎铁、钢铁制品及其他对人体有磨损伤害的物体的作业员工,应使用帆布、牛羊皮革等制作的耐切割手套。

③凡在高温热辐射场所作业的员工,应使用耐热手套。

④接触电气场所作业的员工,应使用绝缘手套。

⑤焊工作业应使用焊工专用手套。

2) 手套正确使用

①按规定使用手套外,还应特别注意按规定不允许使用手套的情况,如旋转、传递机具的操作等,以免因手套的牵绞而发生事故。

②要随时留意手套的破损情况,当不能起到防护作用时则不应继续使用。

③使用手套时要注意随之能遮盖住工作服的袖口,不要让手腕裸露出来。

④绝缘手套必须在规定的耐压范围内使用。

(5) 安全带的正确使用

安全带适用于 2 m 以上(含 2 m)高处作业的员工使用。

安全带正确使用知识:

①每次使用前应进行外观检查,如发现有保护套破损,绳断或霉变、发脆、钩环断裂或弹簧失灵等情况,应停止使用。

②拴挂点应选择牢固且无锋利棱角的构件,并要保证没有滑脱的可能,严禁将安全带拴挂在不结实的木、绳或可以一端脱落的物体上。

③拴挂高度最好是高挂低用,或平行拴挂,严禁低挂高用。

④挂绳不得打结使用,挂钩必须挂在绳的圆环上,不得挂在绳上;腿带上的扣环要放在腿的外侧。

⑤使用 3 m 以上长绳时要添加使用缓冲器等附加防护装置。

⑥安全带使用后要卷成盘状或吊挂在通风处,勿使其受潮或日光曝晒。

(6) 口罩的正确使用

1) 口罩适用场所

①在粉尘较大但空气中含氧量不低于 18% 的场所作业的员工,应佩戴防尘口罩。

②凡在毒气浓度较低,毒气种类明确、空气中含氧量不低于 18% 的场所作业的员工,应佩戴防毒口罩。

2) 口罩正确使用

①口罩必须个人专用,用后自己保管。复式防尘口罩应定期检验、检查呼吸气阀气密性、呼吸阻力和各部件是否老化,不合格应停止使用。

②口罩使用后,应将各部件上附着的粉尘、汗污物等用布或清水湿润的布擦拭干净。

③防尘口罩洗涤前必将呼吸气阀取下,洗净后应用棉花蘸 75% 的酒精或 8% 的硼砂水溶液擦拭,再用清水洗涤后挂在阴凉通气处吹干。

④防尘口罩清灰时不能用水冲洗,也不能用力扫除滤料上附着的粉尘,而要进行轻操作;采用两级过滤的预滤层滤纸每天更换一次。

⑤使用防尘口罩应根据毒气种类选择相适应的吸收剂装入滤料盒内。

⑥防毒口罩使用后可用肥皂水清洗,清洗时水温不能超过 30℃,洗净后擦拭干净晾干存放。

第二节　金属非金属矿山生产技术与主要灾害事故防治

一、金属非金属矿山生产技术基本知识

（一）露天矿生产技术

1. 露天矿山的概念

露天矿山是指露在地表或埋藏不深的矿床，采用露天开采方式进行采矿的矿山，称为露天矿山。

2. 露天矿开采方式

露天矿开采分为四种方式：即机械化开采、水力开采、人工开采和挖掘船开采。

（1）机械化开采，是使用采掘设备，在露天的空间从事开采作业。

（2）水力开采，是指采用高压水流射击冲采矿石，并用水力冲运。

（3）人工开采，是指用人力使用铁锤、钎杆打孔，进行爆破，将矿岩装入人力车，运至排卸地点。

（4）挖掘船开采，是利用挖掘船开采海洋或河道中的矿床。

3. 露天矿开采工艺

露天矿开采工艺，由三个环节组成，即剥岩、采矿和掘沟，其主要生产工艺程序是：穿孔、爆破、铲装、运输。

（1）穿孔，我国露天矿山常用的是穿孔凿岩设备进行穿孔。按穿孔的深度分为浅孔凿岩机和深孔凿岩机。浅孔凿岩设备主要有凿岩机和凿岩台车。深孔凿岩机主要有牙轮钻机和潜孔钻机。

（2）爆破，在露天开采中，常用的爆破方法有：浅孔爆破法、覆土爆破法、深孔爆破法和硐室爆法。

(3) 铲装，是使用装载机械将矿岩直接从地上或爆堆中挖掘出来，并装入运输机械的车厢内或直接卸到指定的地点。露天矿常用的采装设备有：机械铲、索斗铲、液压铲、轮胎式前装机和推土机等。

4. 露天矿运输方式

露天矿主要运输方式有如下几种：

(1) 公路自卸汽车运输；

(2) 铁路机车运输；

(3) 胶带运输机运输；

(4) 斜坡箕斗提升运输；

(5) 联合运输（自卸汽车和铁路运输、自卸汽车与胶带运输机运输等）。

（二）地下开采生产技术

1. 地下开采概述

各种不同的矿物，都埋藏于地下，因埋藏的深度不同，采用的开采方法也不同，对于埋藏较浅或地表有露头的矿床，一般采用露天开采方法；而对于埋藏较深的矿床，通常是采用地下开采。地下开采的方法是：从地表掘进一系列通达矿体的各种通道，用以提升、运输、通风、排水和行人等。并且，为了采出矿石，还需要开凿一些必要的准备工程。这些通达矿体的通道，称为矿山井巷。

2. 地下矿床开拓方法

按井巷与矿床的相对位置可分为：下盘开拓、上盘开拓和侧翼开拓。

按井巷形式的不同可划分为：竖井、斜井、平硐、斜坡道和联合开拓五大类。

3. 地下采矿方法

现行应用的采矿方法种类较多，根据回采时地压管理方法，地下采矿方法可归纳为三大类：即空场采矿法、崩落采矿法和充填采矿法。

(1) 空场采矿法

空场采矿法，是指在回采过程中，将矿块划分为矿房和矿柱，逐步回采，在回采过程中，采空区主要依靠暂留矿柱或永久保留的矿柱支撑，采空区始终空着。该方法一般在矿岩稳固、地表允许陷落的条件下采用。

(2) 充填采矿法

充填采矿法是指随着回采工作面的推进，逐步用充填料充填采空区的采矿方法。

充填采矿法，根据充填的不同方式，可分为三类：

①干式充填采矿法；

②水力充填采矿法；

③胶结充填采矿法。

目前我国应用较为广泛的是干式充填采矿法。干式充填采矿法的基本特征是：一般是将矿块划分为矿房和矿柱，先采矿房，后采矿柱，矿房自下而上分层回采。随回采工作面的向上推进，逐层充填采空区以维护下盘围岩和造成不断上采的作业条件。

(3) 崩落采矿法

崩落采矿法是以崩落围岩来实现地压管理的采矿方法，即在崩落矿石的同时，强制崩落围岩，充填采空区，以控制和管理地压。

4. **矿井提升与运输**

地下矿山开采的矿石和岩石从采掘作业面运送到矿仓、选矿厂或废石场，各类设备、材料运送到作业地点以及作业人员上下班，都离不开运输与提升工作。提升运输是地下矿山中不可缺少的重要环节。

地下矿山提升运输方式是依据矿床的开采方法、开拓方式及经济技术条件确定的，地下矿山根据提升运输井巷的不同，分为竖井提升、斜井提升和平巷运输。

（1）竖井提升。按照提升容器的不同分为罐笼提升、箕斗提升和吊桶提升。

（2）斜井提升。按设备不同可分为斜井轨道提升和斜井胶带运输机提升。

（3）平巷运输。按动力不同可分为人力推车和机械运输；按运输设备不同分为机车运输、无极绳运输等。

5. 矿井防排水

地下矿山在建设和生产过程中，常有渗水或涌水现象，若这种水量超过矿井正常排水能力，就会导致淹井，造成水灾，中断生产、采矿设备、设施被淹，人员伤亡。因此，必须做好矿井的防排水工作。

（1）地面防水措施

为防止地面对矿井造成威胁，必须对地下水进行综合治理，其具体治理措施如下：

①弄清矿区及其附近地表水系和受水面积，以及当地降雨量，并结合本矿区的实际情况，建立完善防排水系统。

②做好防汛工作，雨季之前，矿山企业主管负责人应认真组织一次防汛工作的大检查，发现隐患及时落实整改。

③所有井口的标高，必须高于当地历史最高洪水位 1 m 以上。

④矿区及附近积水或雨水有可能侵入矿井时，应根据实际情况，必须采取的措施为：易积水的地点应修筑泄水沟；漏水的沟渠，应及时防水、堵水；雨季应设专人检查防洪情况。

⑤有用的钻孔，必须加盖。

⑥矿石场、废石场和其他堆积物，应避开山洪方向。

（2）矿井防水措施

①地下矿山企业应详细调查核实矿区范围内的小矿井、老井、

老采空区,现有生产井中的积水区、含水层、岩溶带、地质构造等详细情况,并绘制矿区水文地质图。查明矿井水的来源,掌握矿区水的运动规律,摸清矿井水与地下水、地表水和大气降雨的水力关系,判断矿井突然涌水的可能性。

②对不安全地带,如积水的旧井巷、老采空区、流砂层、各类地表水体、沼泽、强含水层、强岩溶带等,应留防水矿(岩)柱。

③矿井的主要水泵房,进口处应设置防水门。水文地质条件复杂的矿井,应在关键巷道内设置防水门,防止水泵房、中央变电所和竖井等井下关键设施被淹没。

④对接近水体的地带或可能与水体有联系的地段,应坚持"有疑必探,先探后掘"的原则,编制探水计划。探水孔的位置、方向、数量、深度和超前距离,应根据水头的高低、岩石结构与硬度等条件而定。

⑤在钻掘探水孔时,如发现岩石变软,或沿钻杆向外流水超过正常凿岩供水量等现象,应停止凿岩。派专人调查清楚,确认无疑后,方可继续钻孔。

⑥相邻的井巷或采区,如果其中有一处涌水危险时,则应在井巷或采区间留出隔离安全矿柱。

⑦掘进工作面或其他地点发现透水征兆,如出现工作面"出汗"、顶板淋水加大、空气变冷、产生雾气、挂红、水叫、底板涌水或其他异常现象时,应立即停止工作,并报告主管领导,采取措施。若情况紧急,应立即发出警报,撤出所有可能受水威胁地点的人员。

⑧探水、放水工作,应派富有经验的人员进行专门设计;放水量应按照排水能力和水仓容积进行控制。放水钻孔应安装孔口管和闸阀,紧急情况下可关闭。

⑨对老采空区、硫化矿床氧化带的溶洞、与深大断裂有关的

含水构造进行探水,以及被淹井巷排水和放水作业时,为预防被水封住的、或水中溶解的有害气体逸出造成危害,应事先采取通风安全措施,并使用防爆照明灯具。发现有害气体、易燃气体泄出,应及时采取处置措施。

⑩受地下水威胁的矿山企业,应考虑矿床疏干问题。直接揭露含水体的放水疏干工程,施工前应先建好水仓,水泵房等排水设施。地下水位降到安全水位之前,不准开始采矿。

⑪裸露型岩溶充水矿区、地面塌陷发育的矿区,应做好气象观测,降雨、洪水预报;封堵可能影响生产安全的、井下揭露的主要岩溶进水通道,应对已经采区构建挡水墙隔离;雨季应加密对地下水的动态观测,并及时预报。

⑫井筒掘进时,预测裸露段涌水量大于 20 m^3/h,宜采用预注浆堵水。

(3) 矿井排水设施

①矿井主要排水设备,应配置同类型的三台水泵组成,其中任一台的排水能力,必须在 20 h 内排出一昼夜的最大涌水量。

②矿井最大涌水量超过正常涌水量二倍以上的矿井,除备用水泵外,其余水泵应在 20 h 内排除一昼夜最大涌量。

③井底主要泵房的出口应不少于两个,其中一个通往井底车场,出口处应装设密闭防水门;另一个用于斜井与井筒连通,斜井巷上出口应高出水泵房地面标高 7 m 以上,水泵房地面标高,应高出井底车场轨面 0.5 m。

④水仓应由两个独立的巷道系统组成。涌水量较大的矿井,每个水仓的容积,应能容纳 2~4 h 的正常涌水量。一般矿井主要水仓总容积,应能容纳 6~8 h 的正常涌水量。

二、金属非金属矿山安全生产的特点、常见的危险和职业危害因素

(一) 金属非金属矿山安全生产的特点

我国金属非金属矿山由于存在点多面广、经济发展水平低下、开采手段相对落后等问题，使金属非金属矿山安全管理突出表现出以下几个特点：

(1) 非公有制矿山事故起数和死亡人数在金属非金属矿山事故中都占有很大比例。

(2) 大量中小型金属非金属矿山企业无证开采、非法经营，片面追求经济利益，技术装备水平普遍低下，开采技术手段落后，开发方法不规范，设施简陋，没有严格的安全措施，根本不具备基本的安全生产条件。

(3) 金属非金属矿山企业作业场所条件普遍较差，特别是井工开采的矿山，环境恶劣，各种事故隐患极多，不安全因素时刻存在。

(4) 受开采地质条件和环境制约，金属非金属矿山尤其是小矿山很难采用机械化和自动化进行开采，导致其抗灾能力很低。

(5) 金属非金属矿山从业人员文化水平不高，安全意识淡薄，有些甚至未经培训就进矿作业，冒险蛮干，这也是事故多发的一个重要因素。

(6) 金属非金属矿山安全管理手段落后，经营和管理人员水平低下，不能有效的控制事故发生。

(7) 非法开采，越层越界开采，所谓的"矿中矿"、"楼中楼"等现象仍然存在，开采秩序混乱，埋下了事故隐患。

(8) 火工材料管理混乱，不少矿山没有严格的火工材料管理制度。

(9) 金属非金属矿山的尾矿坝库是重大危险源，遇到大雨、

暴雨等极端气候条件极易发生溃坝事故。

(二) 金属非金属矿山作业场所常见的危险因素

作业场所常见危险因素分析的方法有多种,根据金属非金属矿山的实际情况剖析,导致事故发生的主要危险因素有如下方面:

1. 设备、设施缺陷,包括强度不够、刚度不够、稳定性差、密封不良、应力集中、外形缺陷、制动不灵、控制器有缺陷等;

2. 防护缺陷,如无防护、防护装置和设施缺陷、防护不当、支撑不稳、防护安全距离不够等;

3. 电气缺陷,如带电部位裸露、漏电、雷电、静电、电火花等;

4. 噪声,如机械噪声、电磁性噪声、流动动力噪声;

5. 振动,如机械振动、电磁性振动、流动动力振动等;

6. 电磁辐射,如电离辐射、X射线、α粒子、质子、中子、高能电子;非电离辐射,如紫外线、激光、超高压电场等;

7. 运动物,如固体抛射物、液体飞溅物、反弹物、岩土滑动、料堆垛滑动、冲击地压等;

8. 明火;

9. 冰冻;

10. 粉尘;

11. 安全标志缺陷;

12. 信号缺陷等。

不良环境危害因素包括如下方面:

1. 作业空间窄;

2. 安全通道缺陷;

3. 照明不良;

4. 通风不良;

5. 缺氧;

6. 空气质量不佳;

7. 有毒有害气体；
8. 涌水；
9. 气温过高或过低；
10. 湿度大；
11. 冒顶片帮。

(三) 金属非金属矿山职业危害因素

职业危害因素也称为职业性有害因素，或职业性危害因素，是指在生产过程中、劳动过程中、作业环境中存在的各种有害的化学、物理、生物因素以及在作业过程中产生的其他危害劳动者健康、能导致职业病的有害因素。

1. 金属非金属矿山职业危害因素的分类

金属非金属矿山职业危害因素按照其来源可分为三类：

（1）生产过程中产生的有害因素

①化学性因素，包括生产性粉尘和化学有毒物质。如矿山中普遍存在的矽尘、焊割作业产生的烟尘、爆炸产生的烟尘；矿山中存在的一氧化碳、硫化氢等有毒物质等。

②物理因素。如矿山中存在异常气候条件（高温、高湿、低温）、异常气压、噪声、振动、辐射等。

③生物因素。矿山中这类因素一般比较少见。

（2）劳动过程中的有害因素

①劳动组织和作息制度的不合理，劳动作息制度不合理等。

②精神性职业紧张。

③劳动强度过大或生产定额不当。

④个别器官或系统过度紧张，如视力紧张等。

⑤长时间不良体位或使用不合理的工具等。

（3）生产环境中的有害因素

①自然环境中的因素，例如炎热季节的太阳辐射。

②作业场所建筑卫生学设计缺陷因素，例如照明不良、换气

不足等。

2. 噪声控制

噪声是指不同频率、不同强度、无规律地交织在一起的声音，或者说人们不需要或感到厌烦，甚至难以忍受的声音。噪声是用声强或声压大小的变化程度来衡量，单位用分贝（dB）表示。

（1）噪声的产生

噪声是由于在生产作业中机器的传动、气体排放、工件撞击与摩擦所产生的噪声，称为生产性噪声或工业噪声。矿井噪声主要声源是因凿岩机、铲运机、空压机、电机车、爆破等产生的。矿井噪声属生产性噪声。

（2）生产性噪声分类

生产性噪声归纳分为以下三类：

①空气动力噪声，是由于气体压力变化引起气体扰动，气体与其他物体相互作用所致。如各种风机、空气压缩机、风动工具、喷气发动机等产生的噪声。

②机械性噪声，是由于机械撞击、摩擦或质量不平衡旋转等机械力作用引起固体部件振动所产生的噪声。例如：凿岩机、铲运机、球磨机等发出的噪声。

③电磁性噪声，是由于磁场脉冲，磁致伸缩引起电气部件振动所致。如大型电动机、发电机和变压器等产生的噪声。

生产噪声声级较高，有的作业地点可高达 120～130 dB，据调查统计，我国矿山生产场所的噪声声级超过 90 dB 的约占 32%～45%，中高频噪声所占比例最大。

（3）噪声的危害

①损伤听力，危害健康。长期在高噪声场所作业，会发生耳痛或耳鸣，还可发生噪声性耳聋或听力丧失。此外还能使人难以安睡、眩晕和眼珠震颤，引发头痛、头晕、心悸、易疲劳、易激怒、睡眠障碍等神经衰弱综合征、心血管病反胃肠功能紊乱等。

②影响生产过程中的语言交流。强噪声妨碍人员对声音报警及其他信号的感觉和鉴别，掩蔽设备异常和事故苗头阶段的音响信号，干扰人员之间的语言交流，从而影响安全生产。

③操作者在强噪声下工作，会对人的心理造成强烈刺激，易烦躁，情绪波动，注意力不集中，会导致引发生产安全事故。

(4) 噪声控制措施

①降低声源噪声。地下矿山企业应淘汰超标的噪声工艺设备；严格控制制造和安装质量，防止振动；保持静态和动态平衡；加强对设备的润滑，降低摩擦噪声。

②降低传递途中的噪声。其措施是采取隔声、吸声、消声，如建隔音操作室，将声源密闭，采用吸声材料等。

③加强个体防护。在矿井噪声超标的作业环境中作业时，应佩戴防声耳塞、耳罩和防声帽等。

(5) 工作场所的噪声标准

国家在《工业企业设计卫生标准》中，不仅对生产性噪声提出了控制要求，还明确规定了工作场所操作人员接触生产噪声的限值如下：

工作场所操作人员每天连续接触噪声 8 h，噪声声极限值为 85 dB。操作人员接触噪声不足 8 h 的场所，应根据实际接触噪声的时间，按接触时间减半、噪声声级卫生限值增加 3 dB 的原则，确定其噪声限值，但最高限值不得超过 115 dB。工作场所噪声声级的卫生标准限值详见表 1-1。

3. 防暑降温

(1) 高温作业基本知识

①高温作业。高温作业是指员工在生产劳动过程中，其工作地点平均 WBGT 指数等于或大于 25℃ 的作业。

②生产热源。生产热源是指在生产过程中能够产生和散发热量的生产设备、产品或工件。

表 1-1　工作地点噪声声级的卫生限值

日接触噪声时间（h）	卫生限值（dB）
8	85
4	88
2	91
1	94
1/2	97
1/4	100
1/8	103

最高限值不得超过 115 dB

③工作地点。工作地点是指作业人员进行操作或为了观察生产情况需要经常或定期停留的地点。若生产劳动需要，作业人员在车间内不同地点进行操作，则整个车间称为工作地点。

④接触高温作业时间。接触高温作业时间是指作业人员在一个工作日（8 h）内，实际接触高温作业的累计时间（min）。

（2）高温作业分级

按照工作地点 WBGT 指数和高温作业时间将高温作业分为四级，级别越高表示热强度越大。

①高温作业分级标准

1 级：小于 120 min；

2 级：121～240 min；

3 级：241～360 min；

4 级：大于 360 min。

②高温作业分级依据

常年从事高温作业的工种，应以最热季节测量值为分级依据。

季节性或不定期接触高温作业的工作，应以季节内最热月测量值为分级依据。

从事室外作业的工种,应以夏季最热月晴天有太阳辐射时的测量值为分级依据。

(3) 高温作业的危害

高温作业很容易使人体内热量积集,出现中暑;由于出汗而大量丧失水分和无机盐等,如不及时补充水分,就会造成人体内严重脱水和水盐平衡失调,引起神经肌肉兴奋性下降,导致工作效率降低,事故率升高;此外可能引起消化不良、肠胃疾病,有时导致肾功能不全等。

中暑是指在高温作业中发生的体温调节障碍为主的急性疾病。其原因是由于通风散热不良使人体的热量得不到适当的消散,或由于通风散热条件不佳使人体损失大量的钠盐和水分而引起。中暑一般分为先兆中暑、轻症中暑和重症中暑三种。发现中暑应及时急救治疗。

1) 中暑治疗方法

①先兆中暑治疗。应将患者移到通风衣好的阴凉处,安静休息,擦干汗液,给予适量的清凉饮料、淡盐水或浓茶、人丹、十滴水饮服,一般不需作特殊处理,待适当时间症状可消失。

②轻症中暑治疗。除按先兆中暑治疗外,如有循环衰竭的征兆时,可在静脉滴注5%葡萄糖生理盐水,补充水和盐的损失,并及时给予对症治疗。

③重症中暑治疗。采取紧急措施,进行抢救。对高热昏迷者的治疗,应以迅速降温为主,对循环衰竭者和热痉挛者的治疗,应以纠正水、电解质平衡紊乱,以防止休克为主。

2) 防暑降温措施

①加强作业现场通风换气,疏散热源。

②散热降温。

③及时供给补充人体必需的清凉饮料。

④对高温作业人员,应定期进行身体检查。

⑤加强个体防护。

(4) 防寒

每年冬季会出现极度寒冷的天气,员工在极度寒冷的条件下作业会引起皮肤或皮下组织的冻伤。冻伤是在冰点以下的严寒中,持续较长时间引起的。一般在南方较为少见,在北方严寒季节里,长时间的室外作业、野外作业及在无取暖设施的室内,由于极度寒冷,会引起人体局部冻伤。

预防寒冷的措施有以下几个方面:
①加强耐寒锻炼,增强对寒冷和低温的适应性。
②穿戴好御寒劳动防护用品。
③室内应设置取暖设施。
④食用高热能食物,增强人体内代谢放热能力。

三、金属非金属矿山主要灾害事故的识别及其防治

(一) 矿井水灾的防治

1. 矿井水灾发生前的预兆

通过发生无数次矿井透水事故的实践总结,在事故即将发生前,主要有如下预兆:

(1) 巷道岩壁"挂汗"或"挂红"。积水透过岩石裂隙凝聚在岩壁表面呈水珠状,此现象称为挂汗。当积水中含铁的氧化物时,透过岩壁会留下暗红色锈,称为挂红。

(2) 岩层里发出"嘶嘶"的水叫声,这是压力较大的积水经过岩层裂缝挤出时,水与缝壁摩擦的声音。

(3) 巷道工作面温度下降,空气变冷,出现雾气。这是因为积水温度较低,巷道中进风温度相对较高,就会产生雾气。而在地热影响较大的矿井,地下水温度偏高时,当接近积水区时,温度反而会升高。

(4) 顶板淋水加大,出现压力水流。如出水清洁,说明距水

源较远，若出水混浊，表明已临近水源。

此外，还有可能出现巷道或工作面顶、底板压力增大，岩石变形，发生片帮冒顶、产生裂隙出现渗水、水色发浑、有臭鸡蛋气味等突水预兆。

2. 透水事故应急处理

(1) 当发现巷道作业面有透水征兆时，应立即停止作业，撤出到安全地点。同时报告有关部门，及时采取有效处理措施。

(2) 在进行探、排水工作时，必须做好有关准备。要确定好避灾路线，确保一旦发生透水事故时，能组织人员迅速撤离。

(3) 矿负责人接到透水报告后，应立即通知矿山救护队，并根据出事地点和可能波及的范围，及时判断水灾的性质，了解突水具体地点、影响范围、水位的深度、突水量、补给的水源等情况，立即通知有关人员撤离危险区域，关闭有关的防水闸门。

(4) 及时确定灾区范围，弄清被困人员分布情况和可能躲避的地点。采用较为先进的通讯工具尽快与被困人员取得联系，确定被困人员的所在位置，采用钻孔、压风及其有关措施，给被困人员送去空气和食物，稳定他们的情绪，并积极组织营救。

(5) 根据事故地点水情设置堵水构筑物，并关闭有关的防水闸门，确保排水设备不被淹没。

(6) 启动全部排水设备，进行排水。如本矿排水设备不够，应立即外借增加排水设备。

(7) 加强通风，排除矿井内的有毒有害气体，防止被困人员中毒窒息。

(8) 对抢救出井的被困人员，应注意保温、遮光等措施，避免不应有的伤亡。

3. 透水事故案例分析

2004年6月1日凌晨3时左右，湖北省黄石市阳新县白沙镇鹏凌矿业公司发生一起重大透水事故，造成11人死亡，直接经济损失400多万元。

(1) 事故单位概况

湖北省黄石市阳新县鹏凌矿业公司位于黄石市阳新县白沙镇，建于1978年，1995年前为白沙镇镇办企业，露天开采。1995年3月，该矿与武汉鹏凌集团公司合资兴办，2001年5月进行资产重组，更名为阳新县鹏凌矿业有限公司，股份制民营企业，该公司于1998年转为地下开采，开采产品为铜矿，2002年9月经黄石国土资源局评审，地质储量约107万吨，可采储量铜矿为85.6万吨，设计年产矿石为9.9万吨，矿山服务年限为9年。年设计生产矿山铜为1500 t，黄金18 kg，白银1.7 t，年产值可达3000万元。

(2) 矿井简况

矿井采用明竖井、盲竖井和斜井联合开采，明竖井井口标高为+118.3 m。2002年11月开始从-135 m中段掘盲竖井，井底标高为-385 m。从-135 m到-385 m已开采6个中段作业采区在-345 m中段，采用浅孔溜矿法。井下采用接力式排水，-18 m中段和-135 中段各安装两台水泵，-345 m中段安装一台水泵，每台排水量为155 m³/h。该矿矿体赋存地段岩溶发育，地下水静储量较丰富，-193 m中段以上曾经有多个小矿开采，形成了采空区。矿井导水层与岩溶裂隙水、老窑水、地表水有密切的水源联系，对下部矿体开采构成了威胁。

(3) 该矿隐患整治情况

2003年7月24日黄石市安全生产监督管理局对该公司下达了"水文地质复杂，治水工程完工后必须验收"等9条内容的隐患整改指令书。2003年7月28日，阳新县安全生产监督管理局对白沙镇政府下达了隐患整改督办通知，要求8月31日前整改完毕，2003年11月16日，阳新县安全监督管理局经复查，对该公司又下达了"排水设施未经三同时验收"的整改指令书，要求2003年

11月30日前整改到位。直到事故发生前,未见白沙镇和鹏凌公司上报治水工程验收报告。

(4) 事故发生经过

2004年6月16日凌晨零点,鹏凌公司班长尹建国带领本班13名员工下井作业,其中周光伟、周君学两人在-135 m处负责提矿,尹建国等12人到井下-345 m处工作面负责运矿石。凌晨2点50分左右,在-345 m处工作的员工詹志洪发现运矿吊桶速度偏慢,便主动向班长尹建国要求到-135 m处帮忙运矿,得到了同意。詹志洪上到-135 m工作面后,推了两车矿石,在放第三车时,突然听到一声巨响,随之,井下蹿出一股冷风。詹志洪用矿灯朝竖井筒里面一照,看到下面不断有水向上翻腾,当即叫卷扬工下放吊桶到-345 m中段准备救人,估计放到-260 m水平左右,发现水位已升到该水平。因强大的水流冲击,提升机失灵,电机随之冒出火花,造成井下断电。詹志洪、周光伟、周君学迅速出井报告,井下发生了事故。矿工潘会刚得知出事后,下井查看其情况,从斜井下到-193 m中段,发现Ⅳ号采空区有大量水流涌向Ⅸ号矿体采空区至-225 m中段。

该公司治安保卫人员潘会向接到詹志洪等人的报告后,于3时40分打电话报告白沙镇经贸办主任潘家安,潘家安5时15分打电话向镇长阮长诗报告,阮接到报告后迅速赶赴现场,并予6时报告阳新县安全生产监督管理局局长岳朝生,岳随后分别报告了县政府方茂富副县长和黄石市安全生产监督管理局。经该公司现场核实,在-345 m作业的尹爱国等11人被困井下,据估算,透水时水量达3万 m^3。因矿区水文地质复杂,补水量大,排水抢险工作十分困难。自6月16日至7月23日,累计排水29.8万m^3。7月23日16时,水位为-70.2 m。根据武汉安全环保研究院专家论证意见,井下被困人员无生还可能,排水、供电、清除淤泥等工作暂停。

(5) 事故原因

经事故调查组分析、论证，此次事故的发生有以下三大因素：一是水文地质复杂、二是降雨、三是采矿活动。其具体事故原因如下。

1) 事故直接原因

该矿区岩溶特别发育，水文地质环境复杂，废弃老窑大量充水，加之事故发生前强降雨，地下承压水水压增大，穿透－193 m Ⅳ号矿体采空区，导致事故的发生。

2) 事故间接原因

①在－193 m Ⅳ号矿体采空区垮塌后，该公司未针对复杂的水文地质条件采取封闭充填，造成采空区护壁抗压力减弱，导致透水；

②该公司对－193 m Ⅳ号矿体重大水患未引起足够重视，发现渗水问题，未制定监测监控措施，未能及时发现透水险情；

③该公司未按安全规程要求编制－135 m以下采矿工程施工设计和作业规程，未按规定进行设计审查和竣工验收，－135 m以下开拓工程未经验收就开始采矿生产，也未形成第二安全通道；

④该公司未制定事故应急预案，对上级部门下达的有关整改指令未按时整改到位；

⑤阳新县和白沙镇政府对鹏凌矿业公司水患治理没有督促落实到位。

4. 透水事故预防措施

(1) 加强矿井水文地质调查监测工作。

矿山企业必须调查核实本单位矿区范围内的水文地质情况，对凡有与矿井有通路的水源应采取有效措施进行严实封闭。并加强对矿井防水监测工作。

(2) 充填采空区、老窑、老井，堵塞与矿区的水源通路。

(3) 矿井必须设置防水闸门、防水墙和保留必要的防水矿岩柱。

(4) 矿井井口应高于历年来最高的洪水水位。

(5) 矿井排水设备应大于设计排水能力。

(6) 汛期,矿山企业应有专人分三班对矿区进行防洪情况的检查。发现异常情况,应采取紧急有效措施,避免水灾的发生。

(7) 矿山企业必须制定事故应急预案,并加强对职工预防透水事故知识的教育。

(二) 冒顶事故的防治

1. 冒顶事故的原因

矿井采掘生产作业中,发生冒顶片帮事故的主要原因有如下几个方面:

(1) 采矿方法选择不合理,管理方法不当。

如采场布置方式与矿床地质条件不相适应,采场阶段过高,矿块太长,顶帮暴露面积太大,时间过长,加上顶板支护、放顶时间选择不当,或天井、漏斗布置在矿体上盘或切割巷道过宽,易破坏矿体及围岩的完整性等情况,都容易发生冒顶片帮事故。

(2) 作业人责任心差,检查不周。

巷道受爆破的冲击和震动作用后,有一些岩石松动和开裂,作业人员作业前未检查确认,盲目作业,导致冒顶或片帮事故的发生。

(3) 处理浮石方法不当。

由于处理浮石操作方法不当,导致冒顶事故的发生。其原因一是操作者撬浮石使用工具不合要求,二是撬浮石站的位置不当,三是缺乏实际经验,四是违章操作。

(4) 地质条件不佳。

在采掘时,遇到断层、裂隙、溶洞、破碎带、裂隙水等,都会引导冒顶片帮事故的发生。

(5) 受地压活动影响。

部分矿山在开采后对已采完空区未及时充填，随着开采的深度不断增加，矿井生产区域、不同程度地受到采空区地压活动的影响，导致巷道发生大面积冒顶。

2. 冒顶事故的应急处理

矿井巷道作业面发生冒顶，将作业人员埋入冒落的矿岩中时，应立即营救被埋人员。营救应根据冒顶情况，采取如下处理措施：

(1) 抢救遇险人员时，首先应确定遇险人员的位置和人数，尽可能与遇险人员取得直接联系。

(2) 应利用压风管道、水管或开凿巷道、打钻孔等方法向遇险人员输送新鲜空气和食物。

(3) 在冒顶区工作时，应派专人观察顶板周围变化，如果发现有再次冒顶的预兆时，首先应加强支护。确定好安全退路。

(4) 在清除冒落石块时，要防止落石伤害遇险人员。可利用掏小硐和千斤顶支撑大块。

3. 顶板事故案例分析

2006年7月23日13时30分，湖北省兴山县胜凤磷矿发生一起冒顶事故，造成3人死亡，直接经济损失39.92万元。

(1) 事故单位概况

兴山县胜凤磷矿，位于兴山县榛子乡青龙村二组。其前身是1990年组建的火石岭乡办黑沟磷矿，该矿山企业属个人独资经营，法人代表黄胜凤，2006年3月黄将磷矿转让给聂志明。该矿生产经营范围是磷矿石开采、加工、销售，年生产能力为5万吨磷矿。

(2) 矿井生产情况简介

该矿矿区面积为 $1.356 \ km^2$，采用平硐中段开拓，房柱式开采，并列抽出式通风。井下4个班作业，其中1个班凿岩爆破，1个班运输，两个班出碴。工作实行白班制。

(3) 事故发生经过

2006年7月27日7时50分上早班,安全员谭家顶和生产调度王邦魁一起,带领2个出碴班、1个掘进爆破班、1个运输班和水泵工等28人下井,分别与各班班长一起对作业现场进行安全检查。在检查王林富班时,发现顶板有一裂缝,谭家顶、王邦魁和一名工人用钢钎对顶板进行了清理。检查齐德金班时,未发现顶板异常。

谭家顶和王邦魁完成井下现场检查,布置工作后,于12时出井吃午饭。王林富班也在13时回到地面吃午饭。齐德金班的齐德贵、杨家福、黄显虎、钱昌满等6人出碴工及运输工胡勇仍在井下进行出碴作业。

13时30分,齐德金班的7名工人准备将碴出完后再出井吃饭。此时,有2颗石子掉到正在出碴的钱昌满的安全帽上,钱感觉不对,边跑边喊"我的天,出事啦"。当他跑到离现场3m外时,听到身后面"轰"的一声,感觉是顶板发生冒落,便不停地跑向井口。运输工胡勇及出碴工黄显虎仍在顶板冒落现场,处于冒落顶板的空隙间中,未受到到伤害。当他们从惊吓中回过神来时,才知道是大面积冒顶,发现齐德金、齐德贵、杨定武被压在冒落的顶板下面,谭家福臂膀受伤。黄显虎对胡勇说:"赶快上去报告,我来救人。"胡勇把受伤的谭家福带出井口,将井下事故情况报告了调度员王邦魁。

13时40分,王将事故情况报告了谭家顶,谭又及时报告了矿长黄达坤,黄派施救人员赶赴事故现场后,发现齐德贵被压住,并发出呻吟,只有一只手和头露在石碴外,迅速将其救出,送往兴山县医疗救治中心的途中不幸死亡。在冒落的顶板下找到了齐德金、杨定武,发现2人已经身亡。

(4) 事故原因分析

此次事故根据事故调查组分析认为,导致事故发生的主要原因有如下几个方面：

1) 直接原因

发生事故的区域存褶曲及断裂构造，派生出两组发育裂隙，将矿房顶板切割成不规则的碎裂形状，顶板裸露时间长，引起直接顶岩石脱落，导致作业人员伤亡。

2) 间接原因

①单位没有配备矿山工程专业技术人员，技术力量薄弱，安全生产投入不足，企业安全生产主体责任不落实；未编制有针对性的作业安全规程；安全生产规章制度不落实，执行不到位；企业管理人员技术素质低，未能及时发现存在的安全隐患，安全检查不力；未认真整改指令、落实整改方案，整改不到位。

②该企业对员工安全教育培训不够，从业人员对作业场所存在的危险因素不够了解，安全意识差，违章作业，为完成任务而冒险蛮干。

③企业行政主管部门安全生产责任制落实不到位，监管部门执法不严，监管力度不够。

4. 顶板事故防治措施

（1）选用合理的采矿方法。制定具体的安全技术操作规程，建立正常的生产和作业制度，是防止顶板事故的重要措施。

（2）地质部门必须调查了解清楚采掘工作面的地质情况，开采必须通过破碎带时，应制定可靠的安全措施。

（3）加强工作面顶板的支护和维护。为防止顶板事故的发生，永久支护与掘进工作面的距离不得超过安全规程的规定，不准在空顶下作业。在掘进工作面与永久支护之间，还应进行临时支护。发现弯曲、歪斜、折断和变形支架，必须进行及时更换或维修。

（4）必须正规循环作业。

（5）严格执行各项顶板管理制度。

（6）及时充填采空区。

(三) 矿山电气事故的防治

1. 矿山电气事故的种类

(1) 电气设备及线路事故。引发事故的主要原因是：由于短路、过负荷、接地、缺相、漏电、绝缘破坏、振荡、安装不当、调整试验漏项或精度不够、维护检验不妥、设计先天不足、运行操作经验不足、自然条件破坏、人为因素及其他原因导致电气设备及线路发生的爆炸、起火、人员伤亡、设备与线路破坏等事故。

(2) 电流及电击伤害事故。此类事故是指由于电气设备及线路造成的，或由于工作人员或其他人员违章作业，以及安全教育不够、管理不力等因素造成的人身触电而引起的伤亡事故。

(3) 电磁伤害事故。是指由于高频电磁场对人体的作用，使人吸收辐射能量，引起中枢神经功能系统紊乱失调以及对心血管系统的伤害，同时对人情绪的影响以及害怕电磁辐射而引起的慌乱、心绪杂乱而造成的操作伤害事故。

(4) 雷电事故。是指由于自然界造成的毁坏建筑物，电气设备与线路而引发的雷电直接对人、畜伤害事故和爆炸、火灾事故。

(5) 静电伤害事故。是指在生产过程中由于摩擦、高速等原因产生的静电放电而引起的爆炸、火灾以及对人、设备的电击造成的伤害。

(6) 爆炸、火灾危险场所电气事故引发的爆炸火灾事故。是指爆炸、火灾危险场由于电气设备的危险温度或放电火花、电弧、静电放电等因素而引发的可燃气体、易燃易爆物品的爆炸、着火以及伴随的设备损坏及人身伤亡事故。

2. 触电事故的原因

造成触电事的原因较多，但可归纳如下因素：

(1) 变配电装置上触电。此类触电的发生多为电气操作者工作不细致、违章作业。

(2) 架空线路上触电。发生这种触电的原因是，电气操作人员没有做验电、放电及跨接临时接地线工作所致。

(3) 架空线路下触电。导致此类触电的原因是,非电气作业人员不懂电的知识,误触带电导线。

(4) 电缆触电。这类触电事故是因电缆受损或绝缘击穿,挖土作业时碰击或带电情况下拆装移位,或电缆头放炮所致。

(5) 开关元件触电。发生此类触电多为电气元件带电部位裸露、外壳破损、外壳接地不良、安装不当所致。

(6) 配电盘、柜、箱触电。这类触电事故多为设备本身制造有缺陷或接地不良、安装不当所致。

(7) 熔电器触电。发生此类触电事故的主要原因是,违反操作规程,高压无安全措施及无监护人所致。

(8) 携带式照明灯触电。此类触电多为没有使用安全电压(36 V以下)或行灯变压器不符合要求或错接等所致。

(9) 移动式和携带式电气设备及手持电动工具触电。导致触电的主要原因是设备自身破损漏电、接线错误或接地不良。

(10) 电动起重机械触电。触电的主要原因是误操作或带电检修所致。

(11) 电气设备金属外壳带电触电。发生此类触电多为接地不良或电气设备漏电跳闸、绝缘不良、保护装置选择不当等所致。

(12) 生产工艺操作触电。这类触电多为操作者违反操作规程、或设备线路陈旧失修、或保护装置不完善,接地不良所致。

3. 触电事故预防措施

(1) 电气操作者应认真学习并熟知电气技术知识和电气安全操作规程。

(2) 安装和检修电气设备、线路时,应严格执行电气安全操作规程和本单位有关规章制度。并按照停电、验电、放电、装设临时接地线、悬挂警示牌、装设遮拦的程序进行,采取安全措施以后,方可进行作业。

（3）停送电必须严格执行工作票制度。
（4）使用手持电动工具，必须采用安全电压。
（5）高空作业，必须佩挂安全带。
（6）各类电气作业，必须执行一人操作，一人监护的规定。
（7）检修电气设备和线路，不准带电作业。
（8）禁止非电气人员操作电气设备。

（四）爆破事故的防治

1. 矿山常见爆破事故

矿山常见爆破事故有两大类：一是爆破器材的加工、运输、储存及现场操作中发生的事故；二是炸药爆炸后所产生的有害效应（如地震波、空气冲击波、飞石、噪音、有毒气体等）引起周围建（构）筑物的破坏及对人员的伤害。

按照爆破事故原因分类，可分为如下几种类型：
（1）炸药储存保管不当；
（2）导火索、雷管起爆引发的事故；
（3）爆破后处理不当引起的事故；
（4）警戒不严、信号不明、安全距离不够导致的爆破伤人事故；
（5）飞石伤人事故；
（6）过早进入爆区造成炮烟中毒事故；
（7）井巷掘进相邻巷道未确认引发的事故；
（8）爆破作业违章操作引起的事故；
（9）对炸药性能不了解引起的事故；
（10）雷电引爆事故。

2. 爆破事故的防治

（1）爆破前的防治措施

①按规定使用合格的炸药、雷管；
②加强对爆破器材的管理，严禁穿化纤衣服进行爆破作业；
③认真检查爆破地点，如有此类情况不准装药放炮：空顶过

大或支架不牢、爆破地点 20 m 内矿车未移走或有堵塞物体、炮孔内发现异物、温度骤高骤低、采掘工作面风量不足等；

④加固爆破地点的支架；

⑤爆破区域的设备应移动到安全地点。

（2）爆破中的防治措施

①爆破时，应严格执行爆破规程的规定；

②加强警戒，警戒的安全距离应符合规程的规定，警戒人员应在警戒线外警戒，严禁其他人员进入爆破区域；

③按规定装炸药、连线，装药前应清除炮孔内的杂物，装药应轻拿轻装，不准撞击；

④充填炮孔，应使用不燃性充填料，充填的深度应按照规程的规定；

⑤爆破时，爆破员应按规定的时间发出爆破信号后，方可起爆；

⑥严禁雷雨时进行爆破。

（3）爆破后的防治措施

①加强矿井通风，及时排除巷道内的有毒有害气体；

②作业人员应在爆破 15 min 后进入巷道工作面作业；

③认真检查爆区。如发现有拒爆的盲炮、残孔，应按处理盲炮、残孔的方法进行及时处理。本班不能处理，应做好标记，向下一班交代清楚。

（五）矿井炮烟中毒窒息事故的防治

2006 年 5 月 4 日上午，湖北省随州市曾都区柳林镇联兴矿业有限责任公司重晶石矿 107 矿井发生一起因炮烟中毒窒息引起的死亡 3 人、受伤 3 人、直接经济损失 31 万元的事故。

1. 事故单位概况

联兴矿业有限责任公司成立于 1975 年，属镇办所有制企业。2001 年实行企业改制，同年 11 月更为有限责任公司，由杨成荣等 12 人股东经营。杨成荣为公司经理、续安益任副经理、分管安全生产，彭成银、胡品全、续安保分别担任 3 个矿井口的安全员。公司现属民营企业。该公司经营范围是：重晶石、石灰石、采掘、加工、销售、农副产品、化工产品购销；农用机械制造、销售等。公司营业执照有效期至 2008 年 3 月 29 日。采矿许可证有效期至 2006 年 10 月。该矿可开采储量 20 万吨，年生产能力为 3 万吨，采用爆破掘进、斜井提升开采方式，采用机械化通风，主要存在透水、冒顶、爆破、机械（提升系统）、炮烟中毒窒息伤害等灾害。

2. 事故经过

2006 年 5 月 3 日下午 6 点左右，联兴矿业有限责任公司重晶石矿 107 斜井在掘进 135 m 处放炮。放炮完毕后进行通风排烟排尘。约 30 min 后，爆破工龚仕州、林于富、陈洋兵下井排险。排除险情后，3 名爆破工出井并向井口负责人林必荣报告可以下井作业了。随即，林必荣安排出碴工田培太、田开红、钱玉林开始作业。根据轮流分工，由田培太、田开红下井出碴，钱玉林在井口接车。此时，他们依据以往经验，将通风机停止工作（这是违反井工开采操作规程规定的行为）。田培太、田开红下井约 10 min 左右，感到呼吸困难，便上井告诉了林必荣。林安排再通风 1 h。而后，林又自己下井检查情况，并在井底点了一支烟，此时扇风机仍在工作，林在井下待了约 5 min，认为可以工作，便上了井口让出碴工下井出碴。这时，扇风机又停止送风。田培太、田开红再次下井并出了两车碴，仍然感到呼吸困难，便再次上井，告诉林必荣井下仍然不行。林说再多通一次风。由于天色已晚，林必荣向陈祥兵交代说，如果还不行就回去休息算了。林交代完后就走了。随后，其他工人也停工下班了。

2006 年 5 月 4 日上午 7 点左右，田培太、田开红如往常一样下井开始作业，仍然是钱玉林在井口接车。这时，井口负责人林必荣、安全员彭成银均还没有来上班。未检查隐患，也未开扇风机通风。田培太、田开红下井约半小时后，未发出料车上行信号，把守井口的钱玉林便和卷扬机工潘令令商量下去查看。因钱玉林当日身体不适，潘令令主动下去查看，钱玉林在井口等候消息。又过了约10 min，井下仍然未发出信号，此时，巷扬工龚仕春（女）来接班。钱玉林大约下了120 m，隐约看到潘令令倒在地上，第一感觉可能是水泵的三相交流电触电，不敢上前施救，立即向井口跑，并呼救。把守井口的龚仕春听到呼救声后，一边切断三相交流电，一边给井口负责人林必荣打电话报告井下发生事故。这时大约是7时40分左右。林必荣立即呼喊其他工作人员前去施救，最先到的是陈祥兵、林于富、龚仕洲未采取任何安全措施贸然冲进硐口，稍休息了一会儿的钱玉林也跟着下去救援。同时，林必荣在井口先后向公司杨成荣经理打电话报告事故情况并向"120"呼救。林打完电话后就下井救援，当他跑到100 m左右时，发现陈祥兵、林于富、龚仕洲也晕倒在地。钱玉林和林必荣此时也感到呼吸困难，才明白是中毒窒息。林立即回跑，边跑边喊开扇风机、打气泵统统打开往井下送风。钱玉林在井口中发出送风的铃声。龚仕春接到信息后，立即打开了扇风机和打气泵。风很快送下了井，林必荣用小刀将风带戳破一个口子，自己赶紧呼吸几口气后，就跑下去救人。他用打气泵的风管分别对着陈祥兵、林于富、龚仕洲的鼻子吹，吹醒一个往上送一个，上面下来的救援人员把伤员接走。这三人救走后，林必荣又去救田培太、田开红、潘令令三人，但已经救不醒了，此时大约是上午8点多钟。6人救出后，潘令令已经死去，其他5人送往镇医院抢救，田培太、田开红抢救无效死亡，陈祥兵、林于富、龚仕洲经抢救脱险。

3. 事故原因分析

事故调查组调查分析认为，造成这次炮烟中毒窒息伤亡事故的原因有如下几个方面：

(1) 直接原因

联兴矿业有限责任公司违反开采操作规程,在独眼井巷掘过程中,未对井巷、工作面实施通风,致使在井下进行出碴作业的员工中毒窒息死亡。查看、施救人员未采取有效措施对井下进行通风,盲目下井进行救援,从而导致了事故的扩大。

(2) 间接原因

①该公司违反《安全生产法》第41条规定,将井巷掘进开采工程承包给不具备资质的个人,埋下了安全隐患。

②公司对员工实施安全教育培训不到位,因此,从业人员安全意识差、不知道工作岗位的危险因素、不懂得事故救援的程序和措施,盲目下井作业和施救,从而导致事故的发生和扩大。

③公司安全生产责任不明确、责任制不落实,安全生产规章制度不健全、不落实。公司与井口承包人的安全责任区不明确,安全员未履行安全管理职责,没有及时发现和消除事故隐患。上下班制度、出入井制度、隐患排查制度不完善又不落实,凭经验和习惯进行工作,导致了事故的发生。

④柳林镇政府虽然在政府工作会议上强调过安全生产工作,但未按规定召开防范重大安全事故专题工作会议,也未及时制定有针对性的预防事故的措施,排除本区域存在的重大事故隐患。

⑤柳林镇政府在两次对该矿检查中发现存在通风不畅的隐患,却未采取有效措施督促该矿整改到位,使得隐患依然存在,最终导致事故的发生。

4. 预防炮烟中毒事故措施

(1) 爆破后,应及时通风排除炮烟。

(2) 矿井必须备有监测有毒有害的仪器,每次爆破后进行通风,而后进行监测确认无有害毒气体,方可通知员工入井作业。

(3) 矿山企业应给井下员工发放防毒防护用品。

四、安全色及安全标志

1. 安全色和安全对比色

安全色是指传递安全信息含义的颜色,包括红、蓝、黄、绿四种颜色。红色表示禁止、停止、危险以及消防设备的意思,凡是禁止、停止、消防和有危险的器件或环境均应涂以红色的标记作为警示的信号;蓝色表示指令,要求人们必须遵守的规定;黄色表示提醒人们注意,凡是警告人们注意的器件、设备及环境都应以黄色表示;绿色表示给人们提供允许、安全的信息。

对比色使安全色更加醒目的反衬色,包括黑、白两种颜色。黑色用于安全标志的文字、图形符号和警告标志的几何边框;白色作为安全标志红、蓝、绿的背景色,也可用于安全标志的文字和图形符号。安全色与对比色同时使用时,应按表1-2所示规定搭配使用。

表1-2 安全色和对比色

安全色	对比色
红色	白色
蓝色	白色
黄色	黑色
绿色	白色

注:黑色与白色互为对比色。

红色与白色相间条纹表示禁止人们进入危险的环境;黄色与黑色相间条纹表示提示人们特别注意的意思;蓝色与白色相间条纹表示必须遵守规定的信息;绿色与白色相间的条纹与提示标志牌同时使用,更为醒目的提示人们。

2. 矿山安全标志的分类

矿山安全标志分为主标志和补充标志两类。主标志包括:禁止标志;警告标志;指令标志;路标、铭牌、提示标志和指导标志。

禁止标志：禁止或制止人们的某种行为的标志。
警告标志：警告人们注意可能发生危险的标志。
指令标志：指示人们必须遵守某种规定的标志。
路标、铭牌、提示标志：告诉人们目标方向、地点的标志。
指导标志：提高人们安全生产意识和劳动卫生意识的标志。

补充标志是主标志的文字说明或方向指示，它只能与主标志同时使用。

3. 矿山安全标志牌的设置与管理

（1）矿山安全标志牌位置应设在与安全有关的明显的地方，并保证有足够的时间注意它所表示的内容。

（2）矿山安全标志牌应定期清洗，每季至少检查一次。如有变形、损坏、变色、图形符号脱落、亮度老化等现象应及时修理或更换。

（3）矿山安全标志牌由矿安全部门监督、检查。

4. 部分矿山安全标志

地下矿山矿井巷道重点部位应悬挂醒目的安全标志，目的是提示员工注意安全，防止或避免事故的发生，确保安全生产。安全标志如图 1-1 至图 1-24 所示。

图 1-1 严禁酒后入井（坑）

设置在有人出入的井口和矿坑。

图 1-2 禁止合闸

设置在变电室、移动电源开关、停电检修等。

图 1-3 禁止扒乘矿车

运输大巷交叉口、乘车场、扒车事故多发地段。

图 1-4 禁止料罐乘人

设置在开凿竖井井口处。

图 1-5 禁止入内

设置在封闭火区、瓦斯区、盲巷、废弃巷道以及禁止入内的地点。

图 1-6 禁止通行

井下危险区、放炮警戒处、不兼作行人的绞车道、材料道以及禁止行人的通道口等。

图 1-7 注意安全

提醒人们注意安全的地方。

图 1-8 当心冒顶

冒顶危险区、巷道维修地段。

图 1-9　当心火灾

设置在仓库、爆炸材料库、油库、带式输送机、充电室和有发火预兆的地区。

图 1-10　当心水灾

设置在有透水或水患地区。

图 1-11　当心有害气体中毒

设置在井下 CO、H_2S、NOx 等有害气体危险地区、露天矿深部通风不良的地区。

图 1-12　当心爆炸

设置在爆破材料库、运送火药、雷管的容器和设备上。

图 1-13　当心触电

设置在有触电危险的部位。

图 1-14　当心坠落

设置在建井施工、井筒维修以及高空作业处。

图 1-15 当心坠入溜井

设置在溜煤眼、溜矿井、溜矿仓。

图 1-16 当心矿车行驶

设置在兼行人的倾斜运输巷道内。

图 1-17 必须携带矿灯

设置在入井口处、更衣房、矿灯房等醒目地方。

图 1-18 必须系安全带

设置在建井施工处、高空作业、井筒检修地点。

图 1-19 必须戴防尘口罩

设置在打眼施工、炮烟区。

图 1-20 安全出口

设置在矿井采区安全出口路线上（间隔 100 m）和改变方向处。

图 1-21 躲避硐
设置在躲避硐上方。

图 1-22 放炮警戒线
设置在放炮警戒线处。

图 1-23 入风巷道
设置在入风巷道口处。

图 1-24 禁带烟火
设置在易燃易爆区域、严禁烟火的地点。

第三节 金属非金属矿井通风人员的职业特殊性

一、金属非金属矿井通风的任务

金属非金属矿山通风的目的在于供给矿井必要数量的新鲜空气，以稀释并排除有毒、有害气体和粉尘，创造良好的劳动条件，保证井下人员的身体健康，提高劳动生产率。工人长期在井下作业，因此井下环境对工人的身体健康有重大影响。GBZ 2 和 GB 4792 对井下作业环境作出了明确规定，具体包括：空气成分、空气中粉尘、有毒有害物质浓度、温度及供风量等。

现在井下无轨柴油设备应用越来越广,排出的有毒有害物质也多,井下必须搞好柴油机运行工作面的通风,使井下作业地点有毒有害气体的浓度不超过规定限值。

二、矿井通风人员在防治金属非金属矿山灾害中的重要作用

矿井通风作业人员认真履行职责做好通风防尘工作,在防治金属非金属矿山灾害中的主要作用有如下几个方面:

1. 将新鲜空气送入矿井工作面,给矿井作业人员创造了一个良好的工作环境;

2. 做好通风防尘工作,排除了矿井中有毒有害气体,确保矿井作业人员不发生中毒窒息事故;

3. 做好通风防尘工作,排除矿井中的粉尘,能预防矿井员工患职业病;

4. 做好通风防尘工作,排除矿井粉尘,能延长设备的使用寿命;

5. 做好通风防尘工作,是确保安全生产的一项重要基础工作。

三、金属非金属矿井通风人员的职业道德和安全职责

(一) 通风作业人员的职业道德

1. 矿井通风工必须经过专业培训,考试合格取得特种作业资格证书,方能上岗独立操作。

2. 认真学习通风防尘的有关法律法规及本单位各项安全生产的各项规章制度,提高遵章守纪的自觉性,严格执行各项规章制度。

3. 熟知本岗位的安合操作技能,按章操作。

4. 爱岗敬业,不脱岗、串岗、睡岗、不做与本职工作无关的事。

5. 上岗尽职尽责，精心操作。

(二) 通风工的安全职责

1. 上岗必须穿戴好劳动防护用品和带好上岗操作的用具。

2. 认真学习通风防尘技能，熟练掌握通风设备、设施的构造、工作原理。

3. 上岗作业前应认真检查工作现场是否有不安全的隐患，确认无误后，方准操作。

4. 操作前应认真检查通风系统是否有故障，确认系统良好，方可启动设备，进行通风作业。

5. 能及时发现通风系统常见故障，并能及时排除。

6. 能及时调节矿井内的风压、风速、风量。

7. 不违章操作，敢于抵制违章指挥。

8. 作业中发现危急人身安全的隐患，应及时报告，撤离到安全地点。

9. 发生事故应如实向领导汇报，并配合有关部门做好事故的调查处理。

四、案例分析

2010年10月3日，内蒙古自治区赤峰市克什克腾旗郝氏矿业有限责任公司发生中毒窒息事故，死亡3人。经初步调查分析，事故原因是，2名工人在未进行有效局部通风的情况下，违章进入放炮后的掘进工作面查看爆破效果，造成1人中毒窒息死亡，事故发生后盲目组织施救，又造成2人死亡。

第四节 职业病防治

一、职业病的危害

(一) 职业病的定义

职业病,是指企业、事业单位和个体经济组织的劳动者在职业活动中,因接触粉尘、放射性物质和其他有毒、有害物质等因素而引起的疾病。但从法律上讲,职业病是指职工因受职业危害因素的影响引起的,由国家指定的医疗机构确诊的疾病。

(二) 职业病的分类

2002年卫生部第108号职业病目录规定的职业病为10大类115种,具体分类如下:

1. 尘肺13种;
2. 职业放射性疾病11种;
3. 职业中毒56种;
4. 物理因素所致职业病5种;
5. 生物因素所致职业病3种;
6. 职业性皮肤病8种;
7. 职业性眼病3种;
8. 职业性耳鼻喉口腔疾病3种;
9. 职业性肿瘤8种;
10. 其他职业病5种。

(三) 职业病的危害

职业病危害,是指对从事职业活动的劳动者可能导致职业病的各种危害。

(四) 金属非金属矿山职业禁忌症

职业禁忌症是指劳动者从事特定职业或者接触特定职业病危

害因素时，比一般职业人群更易于遭受职业病危害和罹患职业病或者可能导致原有自身疾病病情加重，或者在从事作业过程中诱发可能对他人生命健康构成危险的疾病的个人特殊生理或者病理状态。有关金属非金属矿山职业禁忌症的规定如下：

1. 下列病症患者不应从事接尘作业：①各种活动性肺结核或活动性肺外结核；②上呼吸道或者支气管严重，如萎缩性鼻炎、鼻腔肿瘤、气管喘息及支气管扩张；③显著影响肺功能的肺脏或胸膜病变，如肺硬化、肺气肿、严重胸膜肥厚与粘连；④心、血管气质性疾病，如动脉硬化症、Ⅱ、Ⅲ期高血压症及其他气质型心脏病；⑤曾有接尘史，并以产生影响的；⑥经医疗鉴定，不适于接尘的其他疾病。

2. 下列病症患者，不应从事井下作业：①上文所讲的六种情况；②听力已下降，严重耳聋；③风湿病（反复活动）；④癫痫症；⑤精神分裂症；⑥经医疗鉴定，不适合从事井下作业的其他疾病。

3. 血液常规检查不正常者，不应从事有放射性的矿山井下作业。

（五）职业病的预防措施

为防止上述职业危害因对职工的安全健康造成危害，预防职业病的发生，矿山企业应当采取如下预防措施：

1. 有效地控制或尽量消除粉尘、有毒有害物质的发生；
2. 降低生产过程中的粉尘、有毒有害物质的浓度；
3. 采用低毒或无毒物质代替有毒物质；
4. 建立健全符合卫生标准的生产卫生设施；
5. 做好卫生健康检查统计和作业环境监测工作；
6. 开展经常性安全卫生教育，提高职工安全卫生意识和自我防护能力；

7. 严格执行安全操作规程和职业卫生制度；

8. 加强个体防护。

二、金属非金属矿山从业人员职业病预防的权利和义务

根据职业病防治法的规定，矿山企业从业人员在预防职业病中应享有如下权利和承担相应义务：

1. 获得职业卫生教育、培训；

2. 获得职业健康检查、职业病诊断、康复等职业病防治服务；

3. 了解工作场所产生或者可能产生的职业病危害因素、危害后果和相应采取的防治措施；

4. 要求用人单位提供符合防治职业病要求的职业病防护设施和个人使用的职业病防护用品，改善工作条件；

5. 对违反职业病防治法律、法规以及危及生命健康的行为提出批评、检举和控告；

6. 拒绝违章指挥和强令进行没有职业病防护措施的作业；

7. 参与用人单位职业卫生工作的民主管理，对职业病防治工作提出意见和建议，用人单位应保障劳动者行使前款所列权利。

三、案例分析

沈某，男，48岁，因劳动能力减退，多方就诊，医院临床诊断为疑似尘肺病。据调查患者1979年起进某石料从事运输工、杂务工、带班组长等工作，企业转制后从事拆脚工兼安全员、深挖机手、点炮员、爆破工。

根据职业史、现场调查以及临床检查资料，嘉兴市职业病诊断组对该患者做出了尘肺Ⅱ＋期的诊断。厂方对此诊断不服，认为沈某不接触粉尘，不可能患尘肺病，向浙江省职业病诊断鉴定组提请了鉴定，省职业病诊断鉴定组作出了维持嘉兴市职业病诊断组诊断的鉴定结论。

第五节 事故报告、急救与避灾

金属非金属矿山一旦发生事故，从业人员应当立刻按照应急预案的要求，做出应急处置。同时迅速通过各种途径进行事故报告，然后根据应急预案的要求进行现场急救。由于矿山事故一般都具有突发性，事故发生时专业救援和救护人员通常在短时间内难以达到事故现场，因此自救互救就尤为重要。

一、事故报告与现场急救处理

1. 事故报告

金属非金属矿山一旦发生事故，应立即撤出事故区人员和停止事故区供电；依据《矿山灾害预防和应急救援预案》中有关规定立即通知矿长、总工程师等有关人员，并立即报告矿业总公司；启动本矿的救援队伍或招请矿山救护队；成立现场抢险救灾指挥部；派救护队或其他救灾人员进入灾区救人、侦察灾情；指挥部根据灾情制定救灾方案；救灾人员根据《预案》立即开展现场救灾工作，根据现场情况及时修改方案直至救灾完成，恢复正常生产。

事故报告应当及时、准确、完整，任何单位和个人对事故不得迟报、漏报、谎报或者瞒报。

事故发生后，事故现场有关人员应当立即向本单位负责人报告；单位负责人接到报告后，应当于1小时内向事故发生地县级以上人民政府安全生产监督管理部门和负有安全生产监督管理职责的有关部门报告。

情况紧急时，事故现场有关人员可以直接向事故发生地县级以上人民政府安全生产监督管理部门和负有安全生产监督管理职责的有关部门报告。

报告事故应当包括下列内容：

(1) 事故发生单位概况：包括单位的全程、所处地理位置、所有制形式和隶属关系、生产经营范围和规模、持有各类证照的情况、单位负责人的基本情况及近期生产经营状况等。

(2) 事故发生的时间、地点以及事故现场情况：报告事故发生时间尽量具体，最好精确到分钟；除事故发生中心地点要精确，还应报告事故波及的区域；事故现场报告要全面，除报告现场总体情况外，还应报告现场人员伤亡情况、设施设备损坏情况；不仅要报告事故发生后的现场情况，还应尽量报告事故发生前的现场情况。

(3) 事故的简要经过：要求事故的简要经过是对事故全过程的简要叙述，核心是"全"和"简"，"全"即全过程叙述，"简"即简洁明了。

(4) 事故已经造成或者可能造成的伤亡人数（包括下落不明的人数）和初步估计的直接经济损失。由于人员伤亡情况和经济损失情况直接影响事故等级的划分，并因此决定事故的调查处理等后续重大问题，在报告这方面情况时应当谨慎细致，力求准确。

(5) 已经采取的措施。

(6) 其他应当报告的情况。

2. 现场急救处理

从业人员应熟悉本矿井事故预防的主要措施和必须遵守的安全规定。知道发生事故后自己应该在自己的岗位上做些什么和怎么行动；熟悉发生事故时安全撤退路线、安全出口以及万一不能撤出时应采取的暂时避难措施等；掌握基本的应急避险知识。现场急救处理的原则：

（1）如果身处事故发生现场，首先要保持镇定，不要慌乱，并设法维护好现场秩序。

（2）在确认周围环境不危及生命的情况下，一般不要随便搬动伤员。

（3）如果发生意外而现场无人时，应向周围大声呼救，请求来人帮助或设法帮助有关部门，不要单独留下伤员而无人照管。

（4）如果到严重事故、灾害或者中毒时，除紧急呼叫外，欢迎立即向当地政府安全生产监督管理部门及卫生、防疫、公安等部门报告，报告事故发生地点、伤员人数、伤情以及处置方法等。

（5）伤员较多时，应根据病情对伤员分类抢救，处理原则是先重后轻、先急后缓、先近后远。

（6）对伤情稳定、估计转运途中不会加重病情的伤员，迅速转移至附近医疗机构。

（7）现场急救必须服从有关现场指挥的统一指挥，不可各自为政。

二、自救、互救与创伤急救

矿井员工掌握自救、互救知识是减少事故伤亡的一项极为重要的举措。自救是指在井下发生灾害时，遇险人员进行避灾和自我保护，互救是指伤员相互之间的救护。矿井绝大多数是突发性事故，救护人员不能及时赶到现场抢救。因此，遇险者开展自救互救，并配合抢险救灾人员进行抢险救灾工作，是提高救灾成效的重要因素。员工要掌握自救互救的基本知识。

(一) 自救、互救知识

1. 加强对员工自救互救教育

通过对员工自救、互救教育，员工应做到如下几点：

(1) 能熟悉矿井事故征兆；

(2) 基本掌握矿井各种事故的救灾方法；

(3) 能掌握矿井事项应急预案；

(4) 熟悉矿井避灾路线和安全出口；

(5) 掌握现场自救互救基本知识；

(6) 熟知工作地点距通讯电话的位置与联系方法；

(7) 能熟练地使用各种救护器材；

(8) 能熟知矿井各类安全标志。

2. 现场自救互救

(1) 现场抢救

矿井各种类型的灾害在初始阶段危害比较小，此时是控制事故和人员逃生的最佳时机。灾害发生后，受灾人员及波及人员应沉着冷静，此时，应通过各种通讯工具向上级如实汇报灾情，并认真分析和判断灾情情况。对灾害可能波及的范围、危害程度、现场条件和事故发展趋势作出判断。在保证安全的前提下，应采取积极有效的方法和得当措施，及时进入现场抢救，将事故消除在初始阶段或控制在最小范围内。当现场不具备抢救的条件和可能危及人员的安全时，应及时组织撤退。

(2) 安全撤离

当现场不具备抢救的条件或可能危及人员的安全，以及接到上级的撤退指令时，受灾人员应迅速安全地撤离灾区。撤离应遵守如下规则：

①机智灵活、沉着冷静、坚定信心。保持清醒的头脑，做到临危不乱，并坚定逃生的信念。

②认真组织，服从管理。现场的管理人员和有经验的人员要

发挥组织领导作用,所有遇险人员必须服从领导,听从指挥,保持秩序,不得各行其是。

③团结互助,同心协力。主动承担工作任务,撤离到安全地点。

④加强安全防护。在撤退发生时,必须选用正确的逃生技巧、手段和方法,采用一切可以利用的安全防护用品和器材。

⑤正确选择逃生路线。撤退前,要根据灾害事故的性质和实况,确定正确的路线。尽可能选择安全条件好,距离短的行动路线。在选择路线时,既不能图省事,侥幸心理支配冒险行动,也不能犹豫不决而错过最佳撤退时机。

(3) 安全撤离路线

1) 路线的质量要求

安全撤离路线是指发生事故时能保证人员安全撤离危险区域的路线。地下矿山企业应按照《金属非金属矿山安全规程》中的规定,必须编制矿井防灾安全撤离的行动路线,并绘制到矿山实测图表中。矿井设置的撤离路线,必须能保证在发生各类灾害时,井下员工能快速、安全地撤离到安全地点。此路线矿井全体员工必须熟知。

2) 撤离注意事项

①井下发生火灾时,位于火灾上风侧的人员应迎着风流撤退;位于下风侧的人员应佩戴自救器或用湿毛巾捂着鼻子,尽快找到捷径绕到有新鲜风流的巷道中去,如果是在撤退过程中有高温火烟气袭来,应该俯伏在巷道底板或水沟中,以减轻灼伤和有毒有害气体的伤害。

②矿井发生透水灾害时,人员应尽快撤离到透水中段以上的位置,不能进入透水地点附近的独头巷道中。当独头天井下部被水淹没,人员无法撤退时,可以在天井上部避灾,等待救援。

③矿井内发生火灾、水灾等灾难时,有毒有害气体、水沿着

井巷蔓延、巷道个别地段可能发生冒落、堵塞,给人员撤离增加困难。为了加速人员的撤离,尽可能地利用矿内车辆等运输工具和矿井提升设备;并尽量选择不易受到水和烟雾的威胁,把围岩稳固的巷道作为撤离路线;安全撤离路线所经巷道中必须有较好的照明,在巷道的岔道口处应设置醒目的路标,指明安全撤离方向。

④人员撤离,尽可能撤离到地面,彻底脱离危险。若在通路堵塞情况下,则应考虑在井下避难硐室避难。

⑤遇险人员在撤退或被困在巷道中大家必须互相关心,互相帮助,以强扶弱,有粮、有水共享,禁止只顾自己逃生,不管他人安全的不道德行为。

(4) 矿井避难硐室

矿井设置避难硐室的目的是为井下发生事故时人员避灾的。矿井避难硐室有两种类型,即永久避难硐室和临时避难硐室。

永久硐室是在建井时设计的,而后按设计方案进行构筑的硐室。此硐室有密闭门,防止有毒有害气体侵入,硐室内有风管接头、供避难人员使用的自救器。

临时避难硐室是利用工作地点附近的独头巷道。硐室或两道风门之间的巷道临时构筑的。

矿井内发生事故时,如果员工不在自救的有效时间内到达安全地点,或没有自救器而巷道有毒有害气体浓度很高,或因其他因素不能撤离危险区域的情况下,都必须进入避难硐室等待救援。

遇险人员进入硐室前,应在硐室外挂有衣物或矿灯等醒目的标志,以便救护人员发现。进入硐室后应用泥土或衣物将缝隙堵塞好,以免有毒有害气体进入室内。在硐室内躲避等待时,应保持安静,避免不必要的体力消耗。在硐室内可以间断地敲打管道、铁轨或矿岩石,给救援队发出求救信号,使救援队得知信息,及时前来救护。

(5) 矿井安全出口

矿井安全出口是供矿井员工在正常生产期间通行,同时在发生事故时能保证矿井员工迅速撤离危险区域,到达地表的通道。矿井安全出口是安全撤离路线的一个重要组成部分。根据《金属非金属矿山安全规程》的规定,每个矿井必须至少有两个能行人,并通达地面的安全出口。出口间的距离不得小于 100 m。大型矿井,矿床地质条件复杂,走向长度一翼超过 1000 m 时,应该在矿体端部的下盘增设安全出口。

每一中段到上一中段和各采区都必须至少有两个便于行人的安全出口,并与通往地面的安全出口相通。巷道的岔道口必须有明显的路标,并注明所在地点及通往地面的出口方向。

以提升竖井作为安全出口时,必须备有良好的提升设备和梯子间。如果一个竖井装有两部在动力上互不依赖的罐笼设备时,可以设梯子间。竖井的梯子间必须符合规程的规定要求。

(二) 创伤急救知识

1. 外伤救护

创伤简易包扎止血:

对动脉出血较快的伤口,应使用绷带(或手巾、手帕)在动脉血管上部(近心脏端)进行缠绕压止血,或用手指指压法止血,以及用止血带进行止血,然后待医生到来后再进行处理。

2. 骨折简易固定

(1) 四肢骨折固定方法

①小腿骨折固定:小腿骨折时,在两踝、两小腿中段和两膝三个部位,利用腱肢拼拢固定。大腿骨折时,除采用小腿固定方法外,还对两腿上段、髋部分别用 3~5 条布条或皮带分段扎紧固定。

②利用木板或棍条代替夹板固定,其长度必须超过骨折肢体

两关节的长度。

(2) 脊椎骨折固定法

担架或代用担架上铺好棉被（或用棉衣），在脊椎骨损伤部位，放置一小枕头，而后用两手托搬法将伤员平稳搬到担架上，使骨折的脊椎正好放在枕头上，并能保持脊椎在伸展位。再用布条或皮带将胸、腹部、臀、两膝部紧系在担架上，使胸腰椎固定不动，防止脊椎二次损伤。

(3) 颈椎骨折的固定

应由三人协同搬运，即一人固定头部、托住下颌和后枕部，保持头部在正中位。另两人托起肩背、臀部和下肢，步调一致地将伤员平放在担架上，颈部两侧各用小枕头（也可用衣服折叠代替小枕头）将胸腰部、髋臀部、两膝部塞紧，再用皮带紧固定在担架上，有效地防止搬运时臀部摆动增加出血和加重出血性休克。

3. 人工呼吸法

人工呼吸法适用于触电者休克、溺水休克、中毒窒息或外伤引起的呼吸停止的假死者。如果停止呼吸时间较短，都可采用人工呼吸法救治。具体实施如下：

(1) 进行人工呼吸前，应先将伤员运至安全、通风良好的地点，将衣领口解开，并松裤带，注意保持体温。仰卧时腰部要垫上软的衣物，使胸部张开。并清除伤员口中的污物，把舌头拉出或压住，防止堵塞喉管，妨碍呼吸。

(2) 进行人工呼吸操作前，必须使伤者仰卧，救护者在其头部的一侧，用手将鼻孔捏住，以免吹气时从鼻孔中出气；自己长呼一口气，而后紧对伤员的口将气吹入（最好放两层纱布或、手帕再吹），直至伤员吸气；然后松开捏鼻孔的手，并用一手压伤员的胸部以帮助呼气。如此有节奏均匀循环往复进行，每分钟吹12次，直至伤员能自行呼吸为止。人工呼吸正确操作方法如图1-25所示。

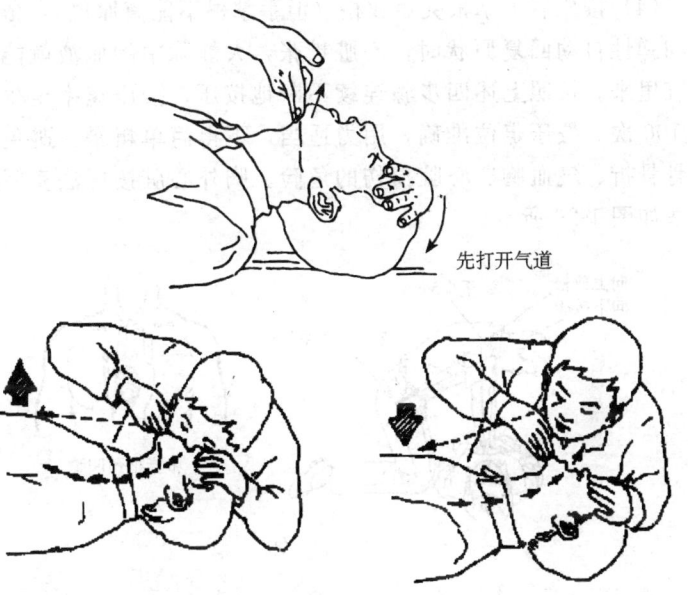

图 1-25 口对口人工呼吸

4. 胸外心脏按压法

是用人工的机械方法压心脏,代替心脏跳动时的唧筒作用,以达到血液循环之目的。在生产现场遇触电或其他原因,造成心脏停止跳动或不规则的颤动时,应立即进行胸外心脏按压,其操作要点如下:

(1) 将伤员仰卧平躺在硬平板或平地上,头低于心脏位置。

(2) 抢救者跨跪在伤员的腰部两侧。

(3) 抢救者两手相叠,用手掌根部置于伤者胸骨中下 1/3 交界处,即中指置于颈凹陷后边缘,而后自上而下直线均衡地用力向脊柱方向按压,使胸骨下陷至少 5 cm,可以使心脏达到排血的作用。

(4)按压后手掌根突然放松(但手掌根不能离原位),依靠胸部的弹性自动回复原状时,心脏扩张,大静脉中的血液就能回到心脏里来。按照上述四步骤连续不断地按压,按压速率至少每分钟100次。按压定位准确,用力适当,不得简单粗暴,避免造成肋骨骨折、气血胸、心脏损伤的危险。胸外心脏按压法实际操作方法如图1-26所示。

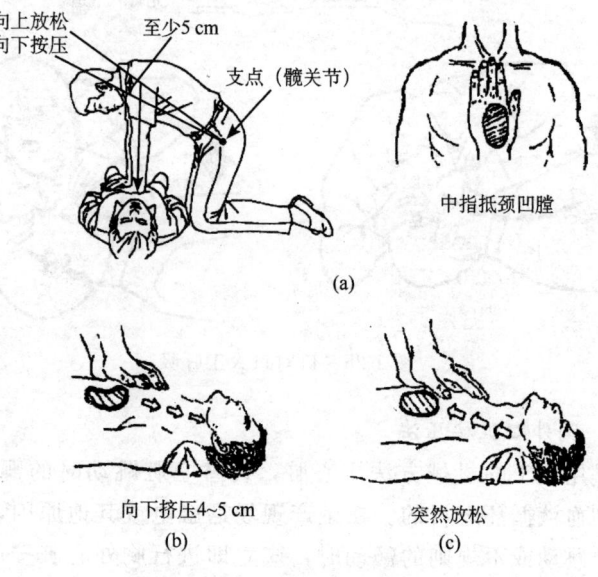

图1-26 胸外心脏按压法

三、金属非金属矿山发生各种灾害事故的避灾方法

1.矿井透水事故应急处理

(1)水灾处理程序

1)矿井发生透水事故时,应急救援的主要任务是抢救被淹和被困人员,防止井巷受淹面积扩大,及时恢复通风。

2) 处理矿井透水事故时，救援队到达事故地点后，应及时了解灾区情况、透水地点、涌水量、水源补给、水位、事故前人员分布情况、矿井具有生存条件的地点及进入的通道等，并AA根据被堵人员所在地点的空间位置，及时制定救灾预案。

3) 救援队在侦查透水情况时，应判定被困人员的位置、涌水巷道、水量、水的流动方向路线，巷道及水泵设施受水淹的程度，巷道冲坏和被堵塞情况，有害气体浓度及巷道分布情况和通风情况等。

4) 巷道采掘工作面发生透水事故时，救援队应派第一个小分队先进入下部水平救人，第二小分队进入上部水平面救人。

5) 被困在矿井的人员，其所在位置高于透水后水位时，可利用钻孔方法供给新鲜空气、饮料及食物；若其所在地点低于透水的水位时，则禁止打钻孔，防止泄压扩大灾情。

6) 透水量超过排水能力，有全矿或整个矿井被淹的危险时，应及时组织排水设备、设施强行排水，当救出下部水平人员后，可向下部水平或采空区排水，如未救出下部水平人员，主要排水设备受到被淹威胁时，可用麻袋、黏土、砂子构筑临时防水墙，堵住排水泵房口和通往下部水平的巷道，使水泵房不被淹。

7) 在排水过程中要切断不必要的电源，确保通风，加强对有毒有害气体的检测，并仔细观察巷道情况，防止冒顶和掉底。

(2) 被困人员生存条件分析

1) 被困人员生存的能源；
2) 遇险地点的空间位置；
3) 遇险地点的空气质量。

2. 矿井冒顶事故的救护及其处理措施

1) 救护基本原则

①矿井巷道发生冒顶事故后，救护队的首要任务是抢救遇险人员，并及时恢复通风；

②未处理事故之前，救援队应了解引发事故的因素，冒顶地点顶板的特征、事故前人员分布简况，并实地查看巷道支架与顶板情况，必要时应加固临近支架，确保有畅通的退路；

③抢救遇险人员时，可采用呼喊、敲击的方法，或采用声响接收式和无线电接收式寻人仪等装置，判断被困人员的所在位置，并与遇险人员取得联系，稳定他们的情绪，鼓励他们配合抢救；

④对于在巷道内的被困人员，应在支护好顶板的情况下，应采用掘小巷道绕道通过冒落区或使用救护担架穿越冒落区接近遇险人员；

⑤处理事故的过程中，救护人必须派专人检查和监视顶板情况，如发现异常现象，应立即停止撤出救护人员，暂停抢救，待处理完隐患后，方可继续进行抢救工作；

⑥在清除巷道堵塞物时，使用各种工具必须慎重，以防伤害遇险人员。如发现矿岩石块或其他物体压在被困人员身上时，可采用千斤顶或液压剪刀等工具进行处理，禁止使用镐挖、锤砸等不当方法去掉压在遇险人员身上的物体；

⑦对于已救出的遇险人员，若气温较冷时，应用毛毯保暖，并及时运送到医院进行治疗。

2) 救援方法

①冒顶面积若不很大，当遇险人员被大石块压住时，可使用千斤顶或撬棍将顶起石块，救出遇险人员；

②冒落石块较碎，遇险人员又靠近巷道壁时，可采用掘小硐或架临时支架保护顶板，边支护边掘硐，直至救出遇险人员；

③当遇险人员靠近落放顶区，应沿放顶区方向掘小硐，支设临时支架维护顶板背帮背顶，或用前探棚支护边掘硐，救出遇险人员；

④矿井分阶段开采的工作面发生冒落时事故，遇险人员位于

金属网或荆芭假顶下面时，可沿底板掏小硐，接触遇险者救出；

⑤冒落面积较大，遇险者位于冒落工作面的中间时，可采用掏小硐和撞楔法相结合的方法处理，若时间长、不安全时，可采取另掘开切孔的方法处理，边掘进边支护，将遇险者救出；

⑥如在工作面两端冒落，遇险人员被困在巷道的中间时，应采用另掘巷道的措施，绕过冒落区救出遇险人员。

3. 透水事故的避灾

井下员工突遇透水事故时，应遵循如下避灾注意事项：

（1）矿井发生透水事故，首先发现者应及时通知在井人员，并报告上级领导，按照规定的避灾路线撤退。撤退时必须往高处行走，切不可进入透水点附近或低于透水点的巷道。

（2）若水势很猛，冲力很大，现场人员应立即避开出水口和泄水流处，躲入硐室内、巷道拐弯处或其他安全地点。如果情况紧急，来不及躲避时，可抓牢棚梁、棚腿或其他固定物防止被水冲倒或冲走。

（3）所有人员撤离透水区域后，应将防水闸门关闭，隔断水流。

（4）如果路标被破坏，迷失了撤退方向，应向有风流的上山方向撤退。

（5）在撤退中，如因冒顶或积水造成巷道堵塞，可找其他通道撤退。若万一无法撤退时，应进避灾处等待救援。避灾处外挂衣物或矿灯等作标志以便救灾人员发现。

4. 冒顶事故避灾

井下作业人员发现冒顶，应立即进入安全地点避灾。如来不及进入安全地点时，须靠近巷道一侧站立或找就近的支护设施处（或木垛）避灾。

（1）遇险人员应及时发出呼救信号，此时不能敲打对自己有威胁的物料和岩石传递呼救信号，更不能在条件不允许的情况下冒险挣扎脱险。

(2) 在巷道掘进和采矿作业中，必须经常检查巷道、采场支架及顶板情况，做好维护支架工作，防止冒顶。

(3) 遇险人员被困在巷道内应尽量减少体力消耗，节水、节食和节约矿用灯。若有压风管，应打开压风管供风，做好较长时间避灾的准备。

5. 矿井火灾事故避灾

矿井发生火灾事故，先发现者应及时通知有关人员，若火势不大，应立即进行直接灭火，切不可惊慌失措，四处奔跑。如果火势很大，无法扑灭时，应组织避灾和进行自救，其具体要求如下：

(1) 身处火灾上风侧的人员应通知矿井作业人员，并立即报告调度。火灾初发时是灭火的最佳时机，应逆着风流撤退。在火源下风侧的人员，如果火势不大，越过火源没有危险时，应迅速穿过火区到火源上风侧；或顺风撤退，尽快进入新鲜风流中撤退。

(2) 撤退应迅速果断，忙而不乱，并随时注意观察巷道和风流的变化情况，谨防"火风压"可能造成的风流逆转。

(3) 如巷道烟雾不大时，及时戴好自救器（若无自救器或自救器失效时，应用湿毛巾捂住口鼻）尽量躬身弯腰，低头快速前进；烟雾大时，应贴着巷道底和巷道壁，摸着铁道或管道快速向前爬进撤离。

(4) 在巷道有高温浓烟中撤退时，应将衣服、毛巾打湿或向身上淋水进行降温，还可利用随身物品遮挡头面部，防止高温烟气刺激等。万一无法撤离火区时，应及时进入避难室或其他较安全的地点进行避灾自救，等待救援。

四、矿山急救器材

金属非金属矿经常会发生各类生产安全事故，尤其是地下矿山，一般作业环境比较恶劣，事故应急救援常常难以开展，因此矿山必须防患于未然，积极做好矿山急救器材的配备、管理以及使用等工作。

1. 矿山应配备的急救器材

（1）消防器材，包括灭火器、消防水池、消防水管系统等。金属非金属矿山尤其是地下矿山火灾是安全事故中影响最大、发生次数最多的事故之一，因此，矿山必须在易发火的作业面按照有关规定配备足够数量的消防器材、设计消防水管系统，有必要的话还应建立消防供水水池。

（2）排水设器材，包括综合排水系统、排水水管、水泵、水仓等。金属非金属矿山水灾也是安全事故影响较大的、危害较大的事故之一，因此不管是露天矿山还是地下矿山除了按照规定要求建立完整的排水沟、排水水管、水仓等排水设施外，必须按照有关规定配备足够数量的水泵，以防发生水灾。

（3）破拆清障器材。金属非金属矿山一般发生事故，往往会出现坍塌、爆炸等现象，因此作为救援队伍，必须配备工程破拆清障工具和专业车辆，如挖掘机、起重三脚架、液压起重机、千斤顶、液压钳、防爆工具、发电机组、氧气瓶、生命探测仪等。

（4）急救器材。按照有关规定，井下必须建立急救站，矿医院必须设立急救室，企业总医院必须设急救科。矿井急救站配备的器材应包括：苏生器、小型氧气筒、急救包、抗休克裤、多用骨折固定担架、充气夹板、止血带、绷带等。

（5）个人防护器材。矿工最重要的个人防护器材一个是矿灯，另一个是过滤式自救器，前者被喻为矿工的"眼睛"，后者是发生火灾爆炸事故、作业环境存在有毒有害气体等事故时救命的器材。

(6) 通讯器材。地下矿山发生事故后,能否与地面保持良好的通讯,是救援成功与否的关键因素之一,因此矿山通讯器材也属于重要的应急器材。

2. 自救器的正确使用

自救器是防止矿井发生事故而产生的有毒有害气体经过呼吸道进入人体内的个体劳动防护用品,在一定时间内为救护矿井员工提供清洁的空气,按其作用原理,自救器分为两种类型,即过滤式(净化式)自救器和隔绝式(供气式)自救器。

(1) 过滤式自救器

此种类型自救器是利用药剂的净化作用使空气中有毒有害气体浓度下降到国家规定的卫生标准,供人呼吸。

1) 自救器的工作原理

AZL-45型过滤式一氧化碳自救器的工作原理是:含有CO(一氧化碳)的空气经吸气孔进入干燥层被脱去水分,进入接触氧化剂层,空气中的CO被接触氧化剂氧化为CO_2,并被吸附于接触氧化剂表面。除去了CO的空气再经过棉花层滤掉烟尘后,由进气阀进入软管经口具被吸入人的呼吸器官。呼出气体经呼气阀排出。

2) 自救器的特性

这种类型的自救器可用于抢救发生火灾、炮烟中毒或沼气爆炸时过滤空气中的一氧化碳,其安全使用时间为45 min。

3) 自救器的适用条件

此类自救器只适用于矿井内空气中的含氧量不低于17%,一氧化碳含量不超过2%的环境,当巷道空气成分的含量超前所述指标,应使用隔绝式自救器。

硫化矿山井下发生火灾或矿尘爆炸以及炸药爆炸产生的气体中,含有多种有毒气体如一氧化碳、氮氧化物、二氧化硫、硫化氢等。这种类型的矿山应使用能吸收多种有毒气体的过滤式自救器。

4）使用自救器注意事项

①每半个月应检查一次自救器的气密性，禁止使用漏气的自救器。

②使用前，应了解矿井中有毒有害气体种类和浓度，检查自救器的药剂是否过期失效。

③佩戴自救器时必须先将自救器的进气孔打开，使呼吸畅通，防止窒息。使用中感到有异样气味、发现重量增加时，应检查自救器是否失效，确认无误后，方可使用。

(2) 隔绝式自救器

这种类型的自救器，当佩戴者佩戴后的呼吸系统与外界空气隔离开来，由自救器供氧维持人的呼吸。自救器中的氧气是利用Na_2O或其他碱金属过氧化物，与人呼出气体中的二氧化碳和水汽发生化学反应生成的。

1）隔绝式自救器的构造（如图1-27所示）

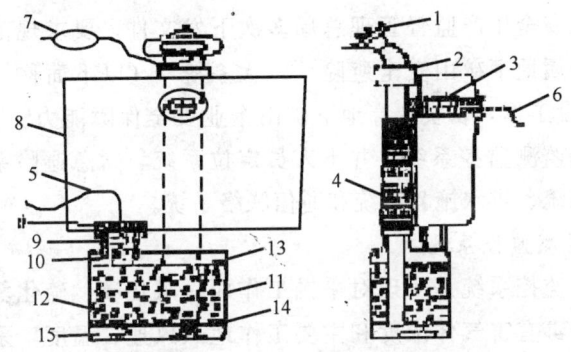

图1-27 隔绝式自救器

1—口具；2—口水降温盒；3—排气阀；4—呼吸软管；
5—尼龙绳；6—气囊；7—鼻夹；8—启动装置；
9—哑铃形硫酸瓶；10—启动药；11—生氧罐；
12—生气剂；13—上部格网；14—下部格网；15—弹簧

2) 自救器的工作原理

佩戴自救器者呼出的气体经口具、降温盒、呼吸软管,进入装有碱金属过氧化物的生氧罐发生化学反应生成氧气,进入气囊。吸气时,气囊中的气体再经过生氧罐、呼吸软管、降温盒、口具被人体吸入。气囊中气体过多时,排气阀自动开启,排出一部分呼出气体,保证气囊中正常的工作压力和调节氧气的生成速度,延长使用时间。

3) 自救器使用须知

隔绝式自救器在中体力劳动强度下,有效使用时间为 40 min;静坐时使用时间可达 2.5~3.0 h。

4) 自救器的正确使用方法

佩戴此类自救器时,行走速度不宜过快,呼吸应均匀。行进途中绝对禁止取下鼻夹和口具。

五、地下矿山避灾系统及避灾设施

国家安全生产监督管理总局多次下发文件,要求规范和推进金属非金属地下矿山安全避险"六大系统"(以下简称"六大系统")建设工作,切实提高地下矿山企业安全保障能力。"六大系统"是指监测监控系统、井下人员定位系统、紧急避险系统、压风自救系统、供水施救系统和通信联络系统。

1. 监测监控系统

监测监控系统是实现对采掘工作面一氧化碳、硫化氢、二氧化硫等有毒有害气体浓度和主要工作地点风速、温度、采空区稳定性、顶板压力、位移变化、地表沉降量的动态监控,以及整个提升系统的视频监控。

2. 井下人员定位系统

当班井下作业人员数少于30人的,应建立人员出入井信息管理系统。井下人员定位系统具有监控井下各个作业区域人员的动态分布及变化情况的功能。人员出入井信息管理系统应保证能准确掌握井下各个区域作业人员的数量。

3. 紧急避险系统

地下矿山企业在每个中段至少设置一个避灾硐室或救生舱。独头巷道掘进时，应每掘进 500 m 设置一个避灾硐室或救生舱。避灾硐室或救生舱应设置在岩石坚硬稳固的地方。避灾硐室应能有效防止有毒有害气体和井下涌水进入，并配备满足当班作业人员 1 周所需要的饮水、食品，配备自救器、有毒有害气体检测仪器、急救药品和照明设备，以及直通地面调度室的电话，安装供风、供水管路并设置阀门。

4. 压风自救系统

地下矿山企业应按设计要求建立压风系统的基础上，按照为采掘作业的地点在灾变期间能够提供压风供气的要求，建立完善压风自救系统。空气压缩机应安装在地面。采用移动式空气压缩机供风的地下矿山企业，应在地面安装用于灾变时的空气压缩机，并建立压风供气系统。井下不得使用柴油空气压缩机。井下压风管路应采用钢管材料，并采取防护措施，防止因灾变破坏。井下各作业地点及避灾硐室（场所）处应设置供气阀门。

5. 供水施救系统

地下矿山企业应在现有生产和消防供水系统的基础上，按照为采掘作业地点及灾变时人员集中场所能够提供水源的要求，建立完善供水施救系统。井下供水管路应采用钢管材料，并加强维护，保证正常供水。井下各作业地点及避灾硐室（场所）处应设置供水阀门。

6. 井下通信联络系统

地下矿山企业应按照《金属非金属矿山安全规程》的有关规

定,以及在灾变期间能够及时通知人员撤离和实现与避险人员通话的要求,建设完善井下通信联络系统;地面调度室至主提升机房、井下各中段采区、马头门、装卸矿点、井下车场、主要机电硐室、井下变电所、主要泵房、主通风机房、避灾硐室(场所)、爆破时撤离人员集中地点等,应设有可靠的通信联络系统;矿井井筒通讯电缆线路一般分设两条通讯电缆,从不同的井筒进入井下配线设备,其中任何一条通讯电缆发生故障,另一条通讯电缆的容量应能担负井下各通讯终端的通讯能力。井下通讯终端设备,应具有防水、防腐、防尘功能;采用无线通讯系统的地下矿山企业,通讯信号应覆盖有人员流动的竖井、斜井、运输巷道、生产巷道和主要采掘工作面。

六、案例分析

2007年12月11日18时左右,安徽省芜湖市繁昌县阳冲铁矿发生冒顶事故,7人被困井下。事故发生后,芜湖市及繁昌县政府立即启动应急预案,成立事故抢险指挥部,展开抢险救援。国家安全生产应急救援指挥中心、安徽省委省政府、安徽省安全监管局等部门人员及时赶到事故现场组织指挥抢险救援工作。由于事故矿井地质复杂、冒落的巨石较多,抢险工作几度受阻,抢险指挥部及时调整抢险方案,采用小剂量爆破岩石,并利用生命探测仪进行定位,确保了抢险救援工作顺利推进。在各方的共同努力下,经过114个小时的连续奋战,爆破大块岩石25次、清淤巷道60余米,成功救出6名被困矿工。

这起事故成功救援的主要经验:一是各级党政部门的高度重视、组织严密有序,为及时有效救援提供了坚强保证;二是预案有效,且在救援过程中政府、部门、企业反应灵敏、密切配合、协同应对,为成功救援创造了良好条件;三是各应急救援队伍平时强化自身建设，提高战斗力，抢险时顽强战斗、奋勇拼搏，发挥了事故救援主力军作用，为事故救援打下了坚实基础；四是科学决策和高科技装备的使用，确保了施救的安全和高效；五是应急救援宣传教育和培训工作效果明显，遇险人员互助自救意识和能力普遍增强。

第二章　安全技术基础知识

第一节　矿内空气及气候条件

矿内气候条件是指作业地点空气的温度、湿度和风速三者的综合状态对人体的散热效果,井下采掘工作面气候条件的好坏,直接影响作业人员的身体健康和劳动效率。

一、矿内空气的主要成分及安全要求

矿内空气是指矿井巷道内空气的总称。当地面空气进入矿井后,其成分与地面空气相同或接近,并且符合国家卫生标准时,称为矿内新鲜空气。

当地面空气进入矿井后,由于矿井生产作业,使地面空气成分发生了一系列变化,如含氧量减少;二氧化碳含量增多;并混入了各种有毒有害气体和矿尘;空气的温度、湿度和气压发生了变化,这种空气称为矿内污浊空气。

(一) **地面空气成分**

地面空气的主要由三种成分组成:氧气占 20.9%;氮占 79.04%;二氧化碳占 0.04%。此外还有一些惰性气体和水蒸气。

(二) **矿内空气成分及安全要求**

《金属非金属矿山安全规程》规定,矿内空气成分,应符合下

列要求：采掘工作面的进风流中，氧气不得低于20%，二氧化碳不得高于0.5%。

井下所有作业地点的空气含尘量不得超过 2 mg/m³，入风井巷和采掘工作面的风源含尘量不得超过 0.5 mg/m³。

二、矿井空气中有毒有害物质、种类、性质、来源、危害和最大允许浓度

（一）矿井有毒有害气体的产生

矿井爆破、矿石的氧化与自燃、坑木腐烂、井下火灾等产生的有毒有害气体主要有一氧化碳、二氧化氮、硫化氢、二氧化硫等。

（二）各种有毒有害物质的危害与急救措施

各种有毒有害物质的危害与急救措施，如表2-1所示。

表2-1 各种气体中毒症状与急救措施

气体名称	主要来源	主要物理性质	主要中毒症状	安全浓度	急救措施
一氧化碳（CO）	爆破、柴油机火灾等	无色、无味、无臭、难溶于水	头痛、呕吐、四肢无力、失去知觉，两颊有红斑点，嘴唇呈桃红色	0.0024%	保暖、人工呼吸或苏生器输氧
二氧化氮（NO_2）	爆破、柴油机工作	棕红色、有刺激性臭味、极易溶于水	咳嗽、胸痛、呕吐、呼吸困难、手指、头发变黄	0.0025%	采用拉舌头刺激呼吸或苏生器输氧
硫化氢（H_2S）	有机物腐烂、硫化矿中逸出、爆破等	无色、微甜、臭鸡蛋味、易溶于水	头痛、呕吐、流鼻涕、四肢无力、呼吸困难	0.0066%	人工呼吸或苏生器输氧，将浸过氯水的棉花或毛巾放在鼻旁或口内
二氧化硫（SO_2）	含硫矿氧化或自燃、爆破	硫黄味、易溶于水	眼睛红肿、流泪、咳嗽、喉痛	0.0005%	采用拉舌头或活动上肢刺激神经引起呼吸

(三) 井下作业地点有害物质允许浓度

井下作业地点的空气中,粉尘和有害物质的最高允许浓度不得超过表 2-2 的规定。

表 2-2　井下作业地点有害物质最高允许浓度

类　别	物质名称	最高允许浓度
有害物质	一氧化碳	30 mg/m³
	氮氧化物	5 mg/m³
	二氧化硫	15 mg/m³
	硫化氢	10 mg/m³
放射性物质	氡 86²²²Rn	3.7 kBq①/m³
	氡导体 α 潜能	6.4 kJ/m³
生产性粉尘	含游离二氧化碳 10%以上的粉尘(石英、石英岩等)	2 mg/m³
	石棉粉尘及含石棉 10%以上的粉尘	2 mg/m³
	含游离二氧化硅 10%以下的滑石粉尘	4 mg/m³

①Bq(贝克,放射性活度单位)(s^{-1})

使用柴油机设备,井下作业地点有毒有害气体的浓度,应符合下列标准:

一氧化碳小于 60 mg/m³;

二氧化氮小于 10 mg/m³;

甲醛小于 6 mg/m³;

丙烯醛小于 0.6 mg/m³。

三、矿井中的氡及氡子体

(一) 氡及氡子体的性质

氡是一种无色、无味、无臭的放射性气体,能溶于水和油等液体,尤其易溶于脂肪中。通常,氡不参加化学反应,是一种惰性气体。

在标准状态下，氡的密度为 9.7 kg/m³ 是目前已知的密度最大的气体。虽然氡比空气重得多，但在空气中所占的比例极小，所以，它对空气密度几乎没有影响。

氡及氡子体是放射性元素。在铀镭衰变系中铀衰变成镭，镭衰变成氡，氡继续衰变成镭 A、镭 B、镭 C、镭 D、铅。由氡衰变成铅的过程中所产生的短寿命中间产物统称为氡的子体。这些氡子体具有荷电性，且吸附性强，易与矿尘、雾粒等微粒结合在一起，形成结合态子体。

（二）氡及氡子体对人体的危害

矿井主要放射性元素，是氡及氡子体衰变时所产生的 α 射线，这些含氡空气进入人的肺部，大部分子体沉积于呼吸道上，在很短时间把它的 α 粒子全部潜在能量释放出来。其射线恰好可以轰击到支气管上皮基底细胞核上，导致呼吸器官形成肿瘤——肺癌。

四、矿内温度、空气湿度、风速对人体的影响

1. 矿内温度对人体的影响

气温过高，人体散热困难，气温过低，则散热过快。所以气温过高或过低对人体都会有影响。矿内空气最适宜作业人员的温度是 15～20℃。采掘作业场所的温度，不得超 26℃。

2. 矿内空气湿度对人体的影响

空气湿度是指空气中所含的水蒸气含量，用相对湿度表示。相对湿度是指 1 m³ 空气中含水蒸气的重量与同温度下饱和水蒸气量之比的百分比，水蒸气量是随温度的变化而变化的。

冬季地面空气湿度较低，相对湿度较大，进入矿井后，温度不断升高，相对湿度逐渐下降，沿途不断吸收井巷壁空气中的水分，则出现进风段干燥。夏季，地面温度较高，相对湿度低，进入矿井后，湿度逐渐升高，可能出现过饱和状态，致使部分水蒸气凝聚结成水珠，因此进风段显得潮湿。

3. 风速对人体的影响

风速是影响矿井气候条件的重要因素。风速除对体散热有明显影响外，还对矿井有害气体积聚、矿尘飞扬有影响。风速过高或过低，都会引起人的不良生理反应。因此，各矿山企应根据本单位的实际情况，按照规程的规定控制风速。

第二节 矿井通风系统

矿井通风系统是指向井下各作业地点供给新鲜空气，排出污浊空气的通风网路、通风动力和通风控制设施的总称。矿井通风系统是搞好通风工作和确保矿井员工安全作业的基础，因此，矿山企业必须保质保量建立和完善矿井通风系统。

一、矿井通风系统的安全要求

1. 选择的矿井通风系统应能快速地将班末爆破、中间爆炸以及作业过程中所产生的大量炮烟和粉尘及时排除，保持井下各作业点有良好的空气质量，舒适的气候条件，确保员工的安全与健康。

2. 矿井通风系统，应根据本矿山地形地貌，矿体赋存状况，矿体产状形态，矿井开拓方式和开采方法等特点及矿井生产能力、开采强度等客观要求，确定通风系统。

3. 矿井通风系统应能随着矿体自然条件的变化，开采规模、开拓开采方法的变化，矿井通风系统也要随着发生不同程度的变化。

4. 矿井通风系统，漏风量少，有效风量率高。

5. 通风系统应减少串联，防止风流污染。

6. 能控制自然风压，防止风流反向。矿山多在山区，因井口间有高差和气温的变化，易受自然风压影响，使部分巷道风流方向不稳定。因此，在调整通风系统和日常的通风系统管理工作中，应注意加强密闭，限制自然风压对通风系统的干扰和破坏作用。

7. 入风井具有防冻措施，北方矿山冬季地表气温较低，常常造成入风井冻冰卡罐和冻裂风水管路等事故。因此，必须采取有效防冻措施。

8. 选择矿井通风系统的基本原则：

（1）进风井巷与采掘工作面的进风流含尘量不得大于 0.5 mg/m^3。

（2）主要回风井巷不得作为人行道，井口进风不得受矿尘和有毒有害气体污染，井口排风不得造成公害。

（3）矿井有效风量率应在 60％以上。

（4）巷道破碎硐室和炸药库，必须设有独立回风道。

（5）禁止串联通风。

（6）通风构筑物少，便于维护管理。

（7）通风动力消耗少，通风费用低。

9. 选择矿井通风系统应考虑的因素：

（1）矿井通风网路结构合理，风流稳定。

（2）漏风量少，风量分配能满足生产与安全需要。

（3）尽量减少专用通风井巷，降低井巷开掘量。

（4）通风设备和构筑物少，通风动力消耗少，通风费用低。

（5）风井位置的工程地质条件简单，风井口位于最高洪水位以上，交通方便。

二、通风系统分类

矿井通风系统是按照矿井的通风型式划分为两类，即统一通风和分区通风。统一通风是指一个巷道构成一个整体通风。我国金属矿山大多数采用统一通风系统。统一通风系统的特点是，矿井进、出风量比较集中，通风设备少，便于管理。

分区通风是指一个巷道分为若干个通风系统。

(一) 进出风井的布置

1. 中央式：进、出风井布置在矿田的中央，如图 2-1 所示。中央式通风系统的特点是基建费用少、投资快、井筒延深方便及容易实现矿井通风等优点。不足之处是通风路线长、阻力大、边远回采区风量不足，排风速度慢等。因此，中央式布置只适用于开采层状矿体。

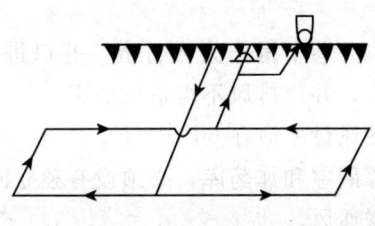

图 2-1　中央式通风系统

2. 对角式：进出风井分别位于矿体中央及矿体沿走向边界上。其布置型式分为三种类型，即单翼对角式、两翼对角式和间隔对角式。

(1) 单翼对角式，进风井布置在矿体一翼，出风井布置在矿体的另一翼（如图 2-2 所示）。

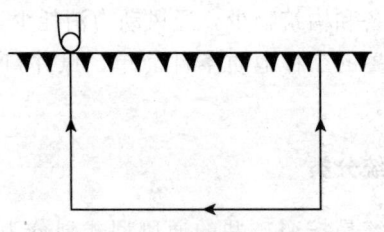

图 2-2　单翼对角式

(2) 两翼对角式，是指进风井布置在矿体中央，出风井布置在矿体两翼（如图 2-3 所示）。

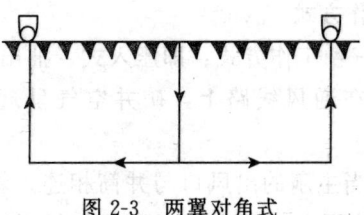

图 2-3 两翼对角式

(3) 间隔对角式：如矿体走向很长，进、出风井沿走向间隔布置或矿体厚度特别大，进出风井沿矿体周围间隔布置（如图 2-4 所示）。

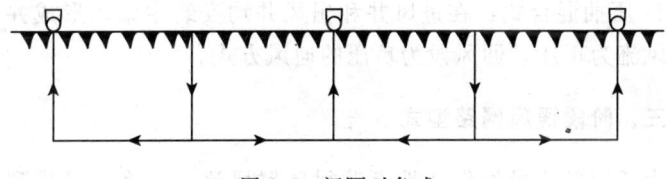

图 2-4 间隔对角式

对角式通风系统布置的特点是：风流线路短、阻力小、漏风少、风压较稳定、风量分配较均匀，出风井远离工业区，污染小等。因此，金属矿山企业广泛采用对角式布置。

3. 中央对角混合式：进风井和出风井按中央式和对角式组合的布置方式，如图 2-5 所示。此类通风的特点是：兼有上述两种通风的优点，但该布置方式是多井口多台扇风机作业，通风管理复杂。因此，只适用于矿体走向长、开采范围广的地下矿山。

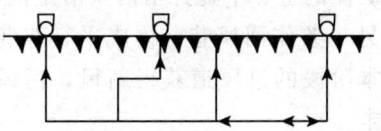

图 2-5 中央对角混合式通风系统

(二) 主扇工作方式

矿井主扇有三种工作方式：即压入式、抽出式和压抽混合式。不同的通风方式在通风线路上，矿井空气呈现不同的压力分布状态。

1. 压入式：当主扇的出风口与井筒相连，新鲜风流经主扇从地面压入，形成井下空气压力高于为地大气压力的正压状态，称为压入式通风。

2. 抽出式：主扇的进风口与井筒相连，污风从井下主扇抽出，井下空气低于当地大气压力，即处于负压状态。

3. 压抽混合式：在进风井和出风井均安装主扇，形成井下入风段风流为正压，回风段为负压的通风方式。

三、阶段通风网路型式

为了使各阶段的作业地点获得新鲜风流，并将污风排到回风巷道，避免各阶段污风串联，根据各金属矿山的实践经验，以采用如下几种通风网路型式：

1. 阶梯式通风网路

当矿体由边界回风井向中央进风井后退回采时，可利用上阶段已结束回采作业的运输巷道作为下阶段的回风巷道，使各阶段的风流呈台阶式，新风和污风各行其道，互不串联。

2. 平行双巷通风网路

在每个阶段矿体的上、下盘开凿两条沿走向相互平行的巷道，一条作进风巷，另一条作回风巷，构成平行双巷道通风网路，各阶段的采场，由本阶段的进风道获得新风，污风经上阶段或本阶段的回风巷道排走。

这种通风网路结构简单，能有效地解决污风串联，但井巷掘进工程量大，适用于矿体较厚，开采强度大的地下矿山。

3. 上下行间隔式通风网路

这种通风网络是指每一个阶段设置一条脉外集中回风平巷，回风道上部阶段的工作面，由上部阶段运输平巷进风，风流下行经工作面汇入集中回风巷排出；回风巷道下部阶段的工作面由下部阶段运输巷道进风，风流上行经采场汇入集回风巷排出。

此通风网路能有效地解决多阶段同时作业风流串联。

4. 棋盘式通风网路

这种通风网路是在上部已采阶段维护或掘一条回风道，沿走向每隔一定距离（60～120 m），保留一条贯通道上下各阶段的回风天井，天井与阶段运输巷道交叉处用风桥或绕道跨过，另外一条联络巷道与采场回风道沟通，各回风天井都与上部总回风道相连。新风由各阶段运输平巷进入采场，污风通过采场回风道和分支联络道至回风天井直接进入上部总回风道排出。

棋盘式通风网路适用于中厚以上矿体或有可利用的现成探矿、采准巷道作回风井的情况。

5. 梳式通风网路

在每一个阶段建立一条专用沿脉回风道，将穿脉巷道断面扩大，用风幛将穿脉巷道分成上下两格，一格作运输和进风，另一格作回风，回风格都与沿脉回风道相连。各采场均由本阶段的穿脉运输格进风，污风则由本阶段或上阶段穿脉巷道的回风格排到沿脉回风平巷。这种通风网路适用于开采多层密集脉状矿体的矿山。

四、矿井通风构筑物

（一）通风构筑物的作用

通风构筑物是用来引导风流、遮断风流和控制风量的设施，是构成一个合理完善通风系统的重要组成部分之一。

(二) 通风构筑物的分类

根据通风构筑物的作用不同,可分为两大类:

1. 通过风流的构筑物:有风桥、风幛、调节风窗及反风装置等。

2. 进出遮断风流的通风构筑物:包括井口密闭、挡风墙和风门等。

(1) 风桥

风桥是将交叉风流(新鲜风流与污风)互相隔开的一种构筑物。

风桥可分为绕道式风桥(如图 2-6 所示);混凝土风桥(如图 2-7 所示)、石风桥等。

图 2-6 绕道式风桥

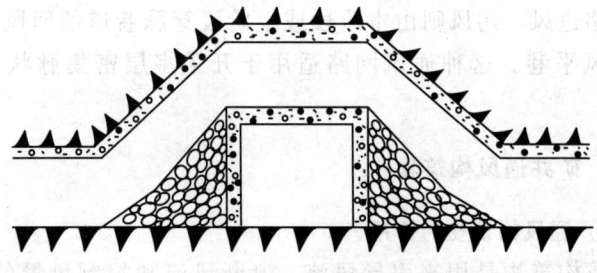

图 2-7 混凝土风桥

(2) 风幛

纵向风幛是沿巷道长度方向构筑的风墙，它将巷道隔成两个格间，一格进风，另一格出风，纵向风幛可用木板、砖、石等材料构筑。

(3) 风窗

风窗是用来增加巷道局部阻力，调节巷道风量的通风构筑物。此物是在木板或砖石的挡风墙上开一窗口，其面积大小可以调节。

(4) 主扇风硐

主扇风硐是连接主扇与风井的一段巷道。它是用混凝土，砖石砌筑而成的。

(5) 扩散器

在风机出口处外，接一段截面积逐渐扩大的风硐，称为扩散器。它具有削减风速的作用。

(6) 扩散塔

当主扇工作时，通常在扩散器出口再砌筑一段方形风硐和向上逐渐扩大的矩形风道，称为扩散塔。

(7) 反风装置

是由风道及闸门等设施构成的一种能改变井下风流方向的装置。它的作用主要是防止矿井发生火灾及其他灾害的救援工作。

(二) 隔断风流的通风装置

1. 密闭墙

密闭墙用来阻断风流通过。通常构筑在非生产巷道内，可用砖石或混凝土砌筑，作永久挡风之用。

2. 风门

矿井通风系统中，有的巷道既要隔断风流，又要行人或通车，因此，需要设置风门。风门分为两种，即手动风门和自动风门。风门的材质有木质风门和金属风门。

五、局部通风

(一) 局部通风方法

矿井局部通风方法有两种：即利用矿井总风压通风和利用局部扇风机通风。

1. 利用总风压通风

此种通风方法是借助矿井主通风机和自然风压及导风设施，将新鲜风流引入独头工作面以稀释和排出污浊空气。其布置方式有以下几种：

(1) 利用纵向风幛导风，在掘进巷道中，安设纵向风幛将巷道分成两部，一部分进风，另一部分出风。风幛可由砖石、木板和帆布等材料制作而成。

(2) 利用风筒导风，将风筒设置在进风巷道中，把新鲜风流引导到独头工作面，并在风筒入口或出口处巷道中砌筒风墙。

(3) 扩散通风，这种方法不需要任何通风设施，主要靠风流的紊流扩散作用来稀释排除工作面的炮烟和粉尘，只适应独头巷道的掘进或硐室掘进。

2. 利用局扇通风

局扇通风是由局扇和风筒组成的通风装置，在局扇作用下，将风流经风筒导入掘进工作面的局部通风方法。

(二) 局扇工作方式

局部通风是将局扇与风筒连接，并将风筒末端引到工作面，根据局扇安装的风流方向，其通风方式分为三种：压入式、抽出式和混合式。

1. 压入式

压入式是使用局扇将新鲜风流压入工作面，并将有害气体从掘好的巷道排出。这种通风方式工作面的通风时间短、但全巷道的通风时间长，因此，适用于较短巷道掘进的通风。

(1) 压入式通风的优点

1) 风流有效射程远，工作面完全被新鲜风流所冲刷，爆炸后易排出工作的炮烟，便于作业人员进入工作面作业；

2) 工作面风速较大，有利于排出和稀释粉尘；

3) 作业人员处于有效风量射程中，气象条件较好；

4) 风筒口距工作面远，不易被爆破损坏。

(2) 压入式通风的缺点

1) 污风沿巷道全长排出，作业进入工作面要经过污风段；

2) 巷道长度愈大，排除炮烟时间愈长。

2. 抽出式

抽出式局部通风是利用局扇经过风筒将独头卷道工作面的有害气体抽出，而从巷道引进新鲜风流的通风方式。

抽出式通风的特点是：

(1) 有条件使风筒距工作面很近时，炮烟极易吸出，所需风量少，通风时间短；

(2) 巷道处于新鲜风流中，不影响其他作业点。

不足之处的是：风流有效吸程短、作业人员周围的风速小，工作面气象条件差。

3. 混合式

其通风的特点是：充分利用抽出式通风及时排出巷道有害气体的优点，结合压入式通风有效射程远，排出有害气体。

这种通风方式的特点是：能避免以上两种通风的缺点，通风效果好，多用在大断面长距离巷道掘进时的通风。

(三) 局扇通风的安全要求

1. 局扇引入独头巷道的风量一般不得超过巷道主风流风量的 70%。

2. 压入式通风时，局扇应设在主风流巷道的上风侧，局扇离独头巷道口不得小于 10 m，风筒末端距工作面小于 10~15 m。

3. 抽出式通风时，局扇（用铁皮风筒）或风筒出口应设在主风流巷道的下风侧，局扇或风筒出口离独头巷道口距离不得小于 10 m，风筒末端距工作面距离应小于 5 m。

4. 混合式通风时，抽风风筒的入风量至少应比压风风机量大 10%～20%；压风风机的风筒末端到工作面的距离应小于 10～15 m。抽风风机的风筒末端到工作面的距离应小于 20～25 m。抽风机（用铁皮风筒）或风筒出口（用柔性风筒）应设在主风流巷道的下侧，距独头巷道口 10 m 以上。压风风机距抽风风机的风筒末端应大于 10 m。

5. 安装在平硐口外的局扇，压入式通风应安装在当地常年主导风向的上风侧；抽出式通风应安在下风侧，风机与硐口的距离不得小于 20 m。

6. 安装在竖井口外的局扇，压入式通风的入风口离地面高度不得小于 1.5 m，距井口的距离不得小于 20 m，并布置在当地常年主导风向的上风侧；抽出式通风的出风口离地面高度不得小于 0.5 m，距井口的距离不得小于 20 m，并布置在当地常年主导风向的下风侧。

第三节　矿用通风机

矿用风机作为矿山安全生产的主要技术装备，是矿井通风系统的重要组成部分，是矿井安全生产和灾害防治的基础。矿用风机产品质量的优劣，运行安全稳定与否，检测和调节、控制方法是否可信可靠，都至关重要。矿用通风机按照气流运动方向分类可分为矿用轴流式通风机和矿用离心式通风机。矿用通风机用途分类如表 2-3 所示。

表 2-3 通风机按用途分类简表

序号	通风机名称	代号		用途	通风机类型
		汉字	缩写		
1	通用通风机	通用	T	一般通用通风换气	离心式，轴流式
8	防爆通风机	防爆	B	易燃气体通风换气	离心式，轴流式
9	防腐通风机	防腐	F	腐蚀气体通风换气	离心式，轴流式
10	矿井通风机	矿井	K	矿井主要通风	离心式，轴流式
11	矿用局部通风机	矿局	KJ	矿井局部通风	多为防爆轴流式
12	隧道通风机	隧道	SD	隧道通风换气	多为轴流式

一、矿用轴流式通风机

轴流式通风机是气流轴向进入风机叶轮后，在旋转叶片的流道中沿着轴线方向流出的通风机。相对于离心通风机，轴流通风机具有流量大、体积小、压头低的特点，用于有灰尘和腐蚀性气体的场所时需要注意。

1. 矿用轴流式通风机构造（见图 2-8）

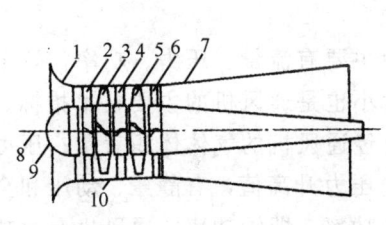

图 2-8 轴流式通风机示意图

1—集流器；2—前导叶；3—第一级叶轮；4—中导叶；5—第二级叶轮；
6—后导叶；7—扩散器；8—主轴；9—疏流器；10—外壳

主要部件由叶轮3、5，导叶2、4、6，机壳10，主轴8等。叶轮由叶片和轮毂组成，叶片断面成机翼型，并以一定的安装角装在轮毂上。当叶轮由主轴拖动旋转时，叶轮流道中的气体受到叶片的作用而增加能量，经固定的各导叶校正流动方向后，以接近轴向的方向通过扩散器7排出。

2. 工作原理

在轴流式通风机中，风流流动的特点是，当叶（动）轮转动时，气流沿等半径的圆柱面旋绕流出。用与机轴同心、半径为R的圆柱面切割叶（动）轮叶片，并将此切割面展开成平面，就得到了由翼剖面排列而成的翼栅。

在叶片迎风侧做一外切线称为弦线。弦线与叶（动）轮旋转方向（u）的夹角称为叶片安装角，以q表示。叶（动）轮上叶片的安装角可根据需要在规定范围内调整，但必须保持一致。当叶（动）轮旋转时，翼栅即以圆周速度u移动。处于叶片迎面的气流受挤压，静压增加；与此同时，叶片背面的气体静压降低，翼栅受压差作用，但受轴承限值，不能向前运动，于是叶片迎面的高压气流由叶道出口流出，翼背的低压区"吸引"也到入口侧的气体流入，形成穿过翼栅的连续风流。

3. 轴流式通风机基本性能

轴流式通风机的性能参数主要有流量、压力、功率、效率和转速。另外，噪声和振动的大小也是通风机的主要技术指标。流量也称风量，以单位时间内流经通风机的气体体积表示；压力也称风压，是指气体在通风机内压力升高值，有静压、动压和全压之分；功率是指通风机的输入功率，即轴功率。通风机有效功率与轴功率之比称为效率。通风机全压效率可达90%。

4. 轴流式通风机分类及型号

轴流通风机的布置形式有立式、卧式和倾斜式三种，大型的可达20米以上。叶片均匀布置在轮毂上，数目一般为2～24。叶片越多，风压越高；叶片安装角一般为 10°～45°，安装角越大，风量和风压越大。轴流式通风机的主要零件大都用钢板焊接或铆接而成。

轴流式通风机，按照级数可分为单级轴流通风机和多级轴流通风机；按照叶片调节可分为动叶调节和静叶调节；按照传动型式可分为电动机直联、皮带轮、联轴器等型式。轴流通风机的各类传动型式的代表符号与结构说明如表 2-4 所示。

表 2-4 轴流通风机的各类传动型式的代表符号与结构说明

传动型式	符号	结构说明
电动机直联	A	通风机叶轮直接装在电动机轴上
皮带轮	C	皮带轮悬臂安装在轴的一段，叶轮悬臂安装在轴的另一端
联轴器	D	叶轮悬臂安装
	F	叶轮安装在两轴承之间

轴流式通风机型号的一般含义举例：

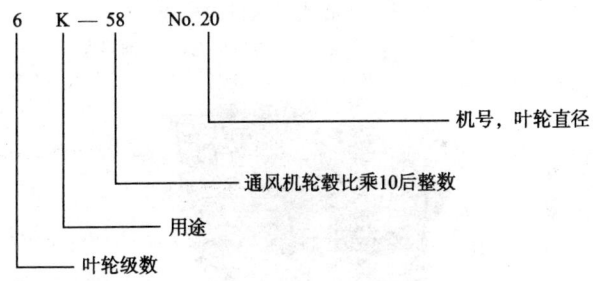

二、矿用离心式通风机

1. 矿用离心式通风机构造

离心式通风机一般由工作轮（叶轮）、螺型机壳、进风口及前导器等部分组成。工作轮对空气做功的部件，由呈双曲线型的前盘、呈平板状的后盘和夹在两者之间的轮毂以及固定在轮毂上的叶片组成。

进风口有单吸和双吸两种。在相同的条件下双吸风机叶（动）轮宽度是单吸风机的两倍，在进风口与叶（动）轮之间装有前导器（有些通风机无前导器），使进入叶（动）轮的气流发生预旋绕，以达到调节性能的目的。

矿用离心式通风机的构造如图2-9所示，外观如图2-10所示。

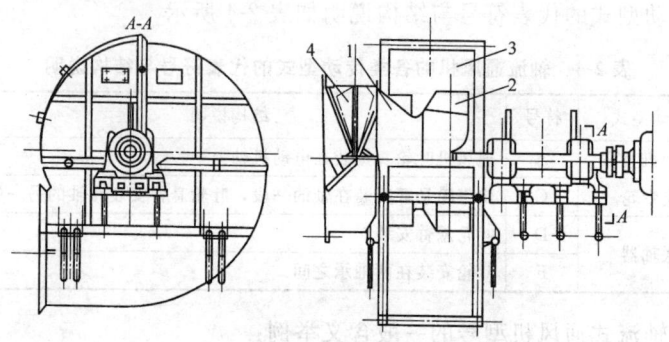

图 2-9 离心式通风机的构造
1—进风口；2—工作轮；3—螺形机壳；4—前导器

图 2-10 矿用离心式通风机的外观

2. 矿用离心式通风机工作原理

当电机通过传动装置带动叶轮旋转时，叶片流道间的空气随叶片旋转而旋转，获得离心力，经叶端被抛至叶轮，进入机壳，在机壳内速度逐渐缩小，压力升高，然后经扩散器排出。与此同时，在叶片入口（叶根）形成较低的压力（低于进风口压力），于是，进风口的风流便在此压差的作用下流入叶道，自叶根流入，在叶端流出，如此源源不断，形成连续的流动。

3. 矿用离心式通风机分类

离心式通风机按进气方式可分为单吸入和双吸入，单吸入或双吸入通风机分为不带进气箱和带进气箱。离心式通风机各种传动型式的代表符号与结构说明如表2-5所示。

表2-5 离心式通风机各种传动型式的代表符号与结构说明

传动型式	符号	结构说明
电动机直联	A	通风机叶轮直接装在电动机轴上
皮带轮	B	叶轮悬臂安装，皮带轮在两轴承之间
	C	皮带轮悬臂安装在轴的一端，叶轮悬臂安装在轴的另一端
	E	皮带悬臂轮安装，叶轮安装在两轴承之间（包括双进气和两轴承支撑在壳体上）
联轴器	D	叶轮悬臂安装
	F	叶轮安装在两轴承之间

矿用离心式通风机常用型号的一般含义举例：

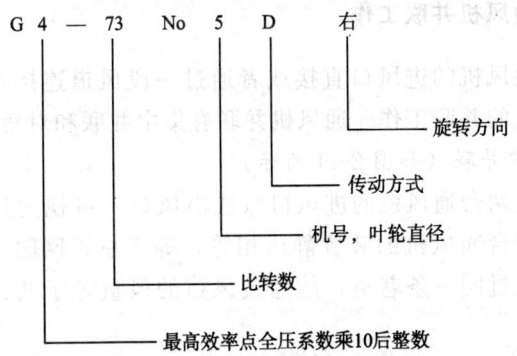

```
G 4 — 73  No 5  D  右
│ │    │   │    │   │
│ │    │   │    │   └─ 旋转方向
│ │    │   │    └───── 传动方式
│ │    │   └────────── 机号，叶轮直径
│ │    └────────────── 比转数
│ └─────────────────── 最高效率点全压系数乘10后整数
```

三、通风机串联工作

一台通风机的进风口直接或者通过一段风道（或管道）连接到另一台通风机的出风口上同时运转，称为通风机串联工作。

通风机串联工作的特点是，通过官网的总风量等于每台风机的风量（在没有漏风的理想状态下）。两台通风机的工作风压之和等于所克服管网的阻力，即

$$h = H_{s1} + H_{s2}$$
$$Q = Q_1 = Q_2$$

式中 h 为管网总阻力；H_{s1}、H_{s2} 分别为 1、2 两台通风机的工作静压；Q 为管网的总风量，Q_1、Q_2 分别为 1、2 两台通风机的风量。

因此，通风机串联工作适应于因风阻大而风量不足的管网；风压特性曲线相同的通风机串联工作较好；串联合成特性曲线与工作风阻曲线相匹配，才能有较好的增风效果。串联工作的任务就是增加风压，用于克服管网大于阻力，保证按需供风。

如大气温度比井下温度低，自然风压为正；大气温度比井下温度高，则自然风压为负。当通风机与自然风压串联时，类似于两台通风机串联工作。

四、通风机并联工作

两台通风机的进风口直接或者通过一段风道连接在一起工作叫做通风机的并联工作。通风机并联有集中并联和对角并联之分。

1. 集中并联（如图 2-11 所示）

理论上两台通风机的进风口（或出风口）可视为连接在同一点。所以两台通风机的装置静压相等，等于总管网阻力。两通风机的风量流过同一条巷道，故通过风道的风量等于两台通风机风量之和，即

$$h = H_{s1} = H_{s2}$$
$$Q = Q_1 + Q_2$$

2. 对角并联（如图 2-12 所示）

对角并联的每台通风机的实际工况点，既取决于各分支风路的风阻，又取决于公共风路的风阻。当各分支风路的风阻一定时，公共段风阻增大，两台通风机的工况点上移，当公共段风阻一定时，某一分支的风阻增大，则该系统的工况点上移，另一系统通风机的工况点下移；反之亦然。这说明两台通风机的工况点相互影响。

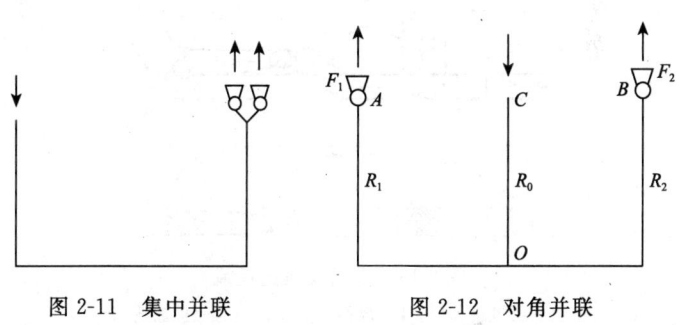

图 2-11 集中并联　　图 2-12 对角并联

五、通风机反风要求

反风装置是用来使井下风流反向的一种设施，以防止进风系统发生火灾时产生的有害气体进入作业区；有时为了救护工作也需要进行反风。主扇应有使矿井风流在 10 min 内反向的措施；当利用轴流式风机反转反风时，其反风量应达到正常运转时风量的 60% 以上；每年至少进行一次反风试验，并测定主要风路反风后的风量；采用多级机站通风系统的矿山，主要通风系统的每一台通风量都应满足反风要求，以保证整个系统可以反风；主扇或通风系统反风，应按照应急预案执行。

反风方法因通风机的类型和机构不同而已。目前的反风方法主要有：设专用反风道反风、利用备用通风机做反风道反风和调节叶片安装角反风。

图 2-13 为轴流式通风机利用反风道反风的示意图。反风时，风门 1、5、7 打开，新鲜气流由反风进风门 1 经反风导向门 7 进入风硐 2，由通风机 3 排出，然后经反风门 5 进入反风绕道 6，再返回风硐进入井下。正常通风时，风门 1、5、7 均处于水平位置，井下的污浊风流经风硐直接进入通风机，然后扩散器 4 排到大气中。离心式通风机利用反风道反风的情况和轴流式通风机情况基本相同。

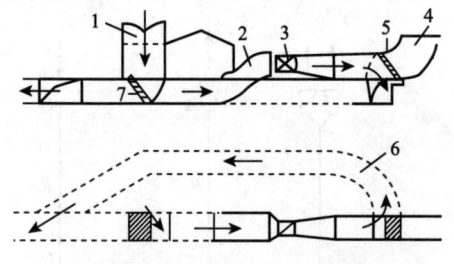

图 2-13　专用反风道反风
1—反风进风门；2—风硐；3—风机；4—扩散器；
5、7—反风导向门；6—反风绕道

轴流式通风机反转反风时，可调换调动电动机电源的任意两项接线，使电动机改变转向，从而改变通风机叶（动）轮的旋转方向，使井下风流反向。此种方法基建量小，反风方便，缺点是反风量小。

利用备用通风机的风道反风（无地道反风）时，工作通风机可利用另一台备用通风机的风道作为"反风道"进行反风。

调节动叶安装角反风时，对于动叶可同时转动的轴流式通风机，只要把所有叶片同时偏转一定角度（大约 120°），不必改变叶轮转向就可以实现整个通风系统风流反向，如图 2-14 所示。

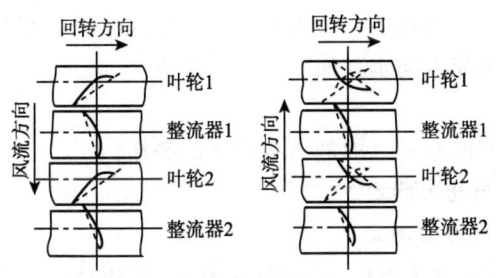

图 2-14 调整动叶安装角反风

第四节 矿井通风压力与通风阻力

一、矿内空气压力及其测定

（一）矿井通风压力

矿井通风压力是指当矿井进风井口与出风井口之间，由于自然因素或机械的作用造成空气能量不平衡产生压差时，空气将在井巷中流动，形成井下风流，通常将这一压差，叫做矿井通风压力，简称风压。

井巷风流中任一断面的单位体积空气具有的能量有三种，即静压力、动能和位能，这三种能量一般由静压、动压和位压来体现。

1. 空气静压

空气静压是气体分子间的压力或气体分子对容器壁所施加的压力，空气的静压在各个方向均相同。单位为 Pa（帕）或 N/m^2（牛顿/平方米），在矿井里，随着深度增加，上部空气柱重量（空气静压）亦增加。矿内风流的静压除与上部空气柱的重量有关外，还受扇风机的作用，使其高于或低于当地的大气压。

2. 动压

在流动的空气中，任一点的压力除了静压外，有动压。动压是由于流动空气的动能而产生的，通常称为速压。它具有方向性，总是作用于风流方向垂直面上，恒为正值。

3. 全压

是指风流的某一点的静压与动压的叠加。

（二）空气压力测定

1. 绝对压力的测定

是使用水银气压表和空压盒气压表测定矿内外空气的绝对静压。

2. 相对压力的测定

采用 U 形压差计、单管倾斜压差计以及补偿式微压计与皮托管测量风流的静压、动压和全压。

二、矿井通风阻力

矿井通风阻力，是指在通风过程中，空气沿井巷流动时，井巷对风流所呈现的阻力称为矿井通风阻力。

矿井通风阻力有摩擦阻力、局部阻力、正面阻力等三种。摩擦阻力约占全矿通风阻力的 80%～90%，局部阻力和正面阻力约占 10%～20%，在特殊情下矿井的局部阻力也可达到 50%。

（一）摩擦阻力

摩擦阻力是指空气在井巷中流动时，由于空气与井巷周壁（顶、底板和两帮）发生摩擦（外摩擦）以及空气质点相互摩擦（内摩擦）而产生的阻力，称为摩擦阻力。

（二）局部阻力

局部阻力是指风流在井巷流动过程中，遇到井巷断面突然扩大或突然缩小，巷道拐弯、分叉等区段时，由于风流速度的大小和方向发生急剧变化，引起空气质点剧烈冲击而造成的额外能量损失，称为局部损失。风流流经这种区段所产生的额外阻力称为局部阻力。

（三）正面阻力

是指空气流经巷道时，遇到井巷内某些物体，如车辆、罐道梁、堆积物等，风流只能从物体周围流过，使风流受到附加阻力的作用，这种附加阻力称为正面阻力。

降低通风阻力的措施有如下几个方面：

1. 井巷通过风量不变时，由于井巷摩擦阻力与断面的三次方成反比，所以增大井巷断面，可以大为降低井巷通风阻力；

2. 改变井巷断面形状，减少周边长度；

3. 提高井巷的施工质量和维修质量，改善井巷壁面的粗糙程度，降低井巷摩擦阻力系数；

4. 避免井巷的突然扩大或缩小以及直角拐弯，将大小井巷连接处做成逐渐扩大（或缩小）或圆弧形；

5. 在风速较大的井巷中，应采取减少局部阻力的措施，如在扇风机和风硐拐弯处设置导风板等。

三、矿井通风动力

矿井通风动力是指为了确保矿内空气流动，克服矿井通风阻力，必须给矿井空气提供必要的动力。利用自然风压作通风动力的矿井称自然通风。采用机械装置（扇风机）提供矿井通风动力的矿井称为机械通风。

（一）自然通风

自然通风是由于矿井的自然条件（如温度）使进出风井内的空气的温度不同，导致两空气柱重量不同造成的自然风压，促使风流流动。自然风压的大小及风流方向极不稳定，随季节或天气的变化而变化，对矿井安全生产不利。因此，只有一些小型无瓦斯的矿山采用自然通风。

（二）机械通风

机械通风是利用矿井风机的作用，使进出风井的井口产生压力差而促使空气流动的通风方法，称为机械通风。矿井使用的风机按用途可分为三类：

1. 用于全矿井或矿井某一翼通风的风机,称为主扇;

2. 用于矿井某一区域通风,借以调节区域风量,帮助主扇工作的称为辅助扇风机,简称辅扇;

3. 用于矿井局部地点,如掘进工作后通风的称为局部通风(局扇)。

(三)主扇工作方式

在矿井通风系统中的主扇有三种工作方式:压入式、抽出式和混合式。

1. 压入式

主扇安装在进风井的井口附近,利用风硐将扇风机出口与进风筒相连通,采用密闭将井口封闭。它是借助扇风机运转的机械力量,把地面空气压入井内,经各用风地点后,污风抽出风井排至地表。

2. 抽出式

主扇安装在出风井的井口附近,并用风硐与出风井连通,同时将出风井口密闭,当风机运转后,新鲜空气由进风井进入巷道,经各用风地点后,由风机抽出地表。

3. 压抽混合式

用两台或两台以上的主扇,一台压入式,另一台为抽出式,安装在同一矿井同时工作。

第五节 矿井通风网路风量分配

一、矿井通风网路的性质

(一)串联通风网路的性质

1. 串联通风网路。串联通风网路是指矿井内两条或两条以上井巷彼此首尾相互连接,中间无分岔,称为串联通风网路。

2. 串联通风的网路性质有以下三点：

(1) 串联通风网中各条井巷的风量都相同，其总风量等于各条井巷的风量。

(2) 串联通风网路的总风压等于各条风路风压之和。

(3) 串联通风网路的总风阻等于各条巷道风阻之和。

(二) 并联通风网路性质

1. 并联通风网路

并联通风是指两条或两条以上的井巷在同一点分开，又在同一点汇合，其间无分支巷道，称为并联通风网路。

2. 并联通风网路性质

(1) 总风压等于各条分支风路风压之和。

(2) 在网路中无动力时，并联通风网路的总风压等于各分支风路的风压。

(3) 总风阻和各分支风路风阻之间的关系为：

$$R_{总} = \frac{1}{\left(\frac{1}{\sqrt{R_1}} + \frac{1}{\sqrt{R_2}} + \cdots + \frac{1}{\sqrt{R_n}}\right)^2}$$

二、矿井风量的分配与调节

(一) 风量分配

1. 风量分配要求

(1) 回采工作面的风量应按照排炮烟或排尘风速计算出的风量中取其较大者进行分配；掘进工作面应按局部通风风量计算值进行分配。

(2) 井下炸药库、充电硐室、破碎硐室和主要溜井应独立通风，回风流应直接导入总回风道中，否则必须采取净化措施。

(3) 矿井通风系统为多井口进风时，各进风风路的风量，应按风量自然分配的规律进行计算，求出各进风风路自然分配的风量。

（4）所有需风点和有风量通过的井巷中，其风速必须符合《安全规程》的规定。

2. 风量分配方法

（1）新建矿井风量的分配。常规情况下，压入式通风系统中主要漏风地点在进风段；抽出式通风系统中，主要漏风地点在回风段。根据此况，在风量分配时，压入式通风系统的进风段，应在设计计算的需风量的基础上乘以风量备用系数，作为进风段各井巷的分配量；而在需风段和回风段，则可不考虑备用风量，按设计计算风量进行分配。抽出式通风系统的回风段，应在设计计算的需风量的基础上乘以风量备用系数，作为回风段各巷道分配的风量；而进风段和需风段则可不考虑备用风量，按设计计算的需风量进行分配。

（2）改建、扩建矿井的风量分配。改、扩建矿井需实测矿井漏风地点的漏风量，而后按实测资料和需风点的需风量确定矿井各巷道的通过风量。对于新开拓的中段、区段可参照新建矿井分析主要漏风地点位置的方法分配风量。同样将各井巷的计算风量值在通风系统图和通风网路结构上分别予以标明。

（二）风量调节方法

根据各巷道生产作业所需风量的变化，应及时调整风量，调整的方法有三种，即增阻调节、降阻调节和辅助调节。

1. 增阻调节法

以并联网路中阻力大的风路的阻力值为基础，在各阻力较小的风路中通过设置风门、风窗来增加局部阻力，使各条风路的阻力达到平衡，以保证各风路的风量按需分配。

2. 降阻调节法

与增阻调节法相反，它是以并联网路中阻力较小的为基础，采取扩大巷道断面或降低摩阻系数的方法使阻力较大的风路降低风阻，以达到并联网路各风路的阻力平衡。

3. 辅助调节法

当并联网路中两并联风路的阻力相差很大，采用以上两种调节方法都不适应或不经济时，可在风量不足的分支路中安设辅扇，以提高克服该巷道阻力的通风压力，从而达到调节风量的目的。用辅扇调节时，应将辅扇安设在阻力大的风路中。

三、矿井漏风及有效风量

矿井通风中，风流经过风巷送到各用风作业地点，达到预期通风的目的，称为有效风量。未经用风地点，而通过通风构筑物的缝隙、采空区及地表塌陷区的孔隙直接渗漏到回风道或地表的短路风流称为漏风。

矿井漏风有内部和外部两种。内部漏风是指井下各种通风构筑物，以及与地表不相通的采空区或矿块之间的漏风。外部漏风是指地表漏风，如井口密闭、风硐闸门、反风装置等处的漏风。

（一）产生漏风的原因

1. 产生漏风的主要原因

（1）抽出式通风矿井是由地表塌陷区直接漏入回风道的短路风流。其原因是开采时，回风道上部未留必要的隔离矿柱或没有及时充填采空区。

（2）压入式通风的矿井，井底车场的短路漏风较为严重。其原因是井底车场风门关闭不严或风门失效。

（3）已采完的矿体、废坑道和采空区未及时充填密闭或封闭不严。

（4）井口密闭、反风装置、风门、风桥、密闭墙等通风构筑物不严密，也造成较大漏风。

2. 漏风的危害

矿井漏风使工作面有效风量降低，风量流失，从而增加通风困难；并会造成通风系统的可靠性和风流稳定性遭到破坏，使角联网络中风流反向、烟尘倒流；如大量漏风风路存在，会导致矿井总风阻降低，从而破坏主扇的正常工况，增加无益电能消耗；同时加速可燃矿物的自然发火，因此，控制矿井漏风，提高有效风量是矿井通风管的一项重要举措。

(二) 矿井有效风量率与漏风率

矿井漏风率是指全矿总漏风量与扇风机工作风量之比。它是衡量矿井通风设施质量好坏和矿井通风管理工作水平的一项重要指标。漏风率计算公式如下：

$$P = \frac{Q_{漏}}{Q_{扇}} \times 100\%$$

式中：P——矿井漏风率，%；

$Q_{漏}$——井漏风量，m³/s；

$Q_{扇}$——主扇工作风量，m³/s。

矿井有效风量效率是全矿各作业地点利用风硐室的有效风量与扇风机工作风量之比。用下式表示：

$$\eta = \frac{Q_{有}}{Q_{扇}} \times 100\%$$

式中：η——矿井有效风量率，%；

$Q_{有}$——矿井有效风量，m³/s。

(三) 控制漏风措施

矿井漏风直接影响矿山安全生产和经济效益，必须采取有效措施，减少漏风提高矿井有效风量率。

1. 采用后退式开采顺序，能减少漏风防止风流串联有利。
2. 选用充填采矿方法比其他采矿方法漏风量少。
3. 主要运输巷道和通风巷道应设置在脉外。

4. 抽出式通风的矿井，应加强生产管理，尽量避免过早地形成塌陷区，已形成塌陷区的，应采取在回风道上部保留矿柱，充填采空区措施。

5. 入风井底开凿专用入风巷道，直接将新风送入各采区工作面。

6. 提高通风构筑物质量，正确选用通风构筑物的安设位置和类型，减少构筑物的漏风量。

7. 降低用风地段的风阻，减少其两侧压差，降低漏风网路的漏风量。

第六节　特殊条件矿井的通风措施

金属非金属矿山，因矿岩的地质条件和自然因素，时有导致矿井作业环境不良、生产劳动条件变差乃至矿井不能正常采掘作业。对于此类特殊条件的矿井，除应用前面所述的通风方法以外，还必须根据不同条件，采用不同的通风措施，改善矿井作业环境，确保矿井员工安全与健康。

一、含铀金属矿山防排氡措施

地下含铀金属矿山的主要有害物质是放射性元素氡及其氡子体。必须采取各种技术措施，降低矿井作业场所空气中的氡及氡子体有害物质达到国家允许浓度以下标准，是矿井通风工作的一项极其重要的指标。矿井防排氡主要措施如下：

1. 加强防氡排氡管理，落实专人负责；

2. 建立健全完善地通风系统，保证供给所需风量，排除氡及氡子体有害物质；

3. 抑制氡的释放，减少氡气析出；

4. 矿井局部采用净化；

5. 做好个体防护。

二、使用柴油机设备的矿井的通风与净化

我国地下矿山的建井工程和采矿生产，使用柴油机设备的矿井较多。如凿岩台车、铲运机、装载机、挖掘机和汽车等，柴油机虽效率高，但产生废气污染矿井空气，影响作业人员身体健康，因此必须采取有效措施，排除废气污染。

（一）柴油设备废气的产生

柴油设备的废气是在柴油高温高压下燃烧时所产生的，废气中含的成分较多，其中最主要有害气体有：氮氧化物，如一氧化氮、二氧化氮；碳氢化合物；一氧化碳，以及油烟等。

（二）使用柴油设备的矿井所需风量

使用柴油设备的矿井所需风量的计算，应按照矿井排烟和排尘风量的最大值确定。

（三）使用柴油机设备的矿井拟定通风系统和通风方式应注意的事项

1. 柴油机设备作业面应有新鲜风流，避免风流串联；
2. 应采用贯穿风流通风，独头巷道工作面应加强局部通风；
3. 选用抽出式或混合式的通风方式通风。

（四）柴油机废气净化措施

使用柴油机设备的矿井，不仅要加强通风技术措施，还必须对废气进行净化，从而降低废气的排放量。矿井废气净化实施具体措施如下：

1. 氧化催化净化器

氧化催化净化器一般为镍铬不锈钢制成，净化器的构造，分为外室、净化室和中心室。净化室是一带筛孔的圆筒，里面充填催化剂。当废气由进口管进入后，经中心室向净化室扩散，与催化剂接触氧化，废气被净化后由排气管排出。

2. 水净化设施

水净化设施分为两种类型,即水喷式净化设施和水箱洗涤法。

(1) 水净化设施是由水箱、水泵、喷嘴和管子组成。水泵将压力水经喷嘴喷出雾状微粒,与柴油机废气相迎,使废气充分与水雾接触进行净化。这种装置净化效果较好,可使柴油机废气口的黑烟变成白色或青灰色,并能减少刺激味,不足之处是装置复杂,喷嘴易堵塞。

(2) 水箱洗涤法。它是将废气送入水箱,经水洗涤后排出。该方法净化效果与水喷法相似,并具有结构简单,加工容易等优点。但由于柴油机排气温度高,耗水量大,配备水箱的容量应保证一个班的使用水量。

三、矿井降温与防冻

(一) 深热矿井降温措施

由于我国矿产资源的衰竭,加速矿井向深部开采,矿井越深,地热、压缩热、机械热和氧化热等越大,导致矿井出现高温。如南非金矿井深 3300 m 处,气温达 50℃。日本铅锌矿在 500 m 深处,气温达到 80℃。深热矿井恶劣的热环境,危害人体生理健康,容易引发生产安全事故。

目前,国内外深热矿井降温措施主要有:通风降温、湿式与干式冷却和人工制冷降温等。

1. 通风降温

矿井岩温超过 36℃时,采用通风降温方法效果良好,应优先选用。实施通风降温的具体措施是:

(1) 建立完善的通风系统

深井的特点是:通风路径长、阻力大、入风流与热源交换时间长,沿途吸热温升。须采用分区通风系统,缩短新鲜风流路径。若多中段作业的深热矿井,各中段应有独立的进回风系统。

进回风井的相对位置降温,采用混合式通风方法,有效风量最佳。局部通风降温,应采用压入式通风方法,效果较好。

(2) 适度加大进风量

适度加大进风量,提高风速,从而改善矿井空气冷却效果和气候条件。使矿井作业人员有一个较为满意的舒适环境。

2. 湿式与干式冷却降温

湿式与干式降温的措施是,利用冷水冷却空气,按接触方式可分为湿式冷却与干式冷却及干湿混合冷却三种方式。

(1) 湿式降温,是用冷水与空气直接发生热交换,实现降温之目的。其具体操作方法是:在进风口、进风井筒、进风平巷、压入式扇风机风硐内或高热工作面附近巷道中安设水管进行喷雾,其降温效果取决于空气与冷水的温差、接触时间与接触面以及雾粒的大小和速度等因素。

(2) 干式降温,是用冷水通过循环管道,利用管道壁的吸热作用与空气发生交热,达到降温预期效果。

我国地下矿山目前广泛采用的是湿式降温方法。

3. 人工制冷降温

人工制冷降温法,是指凡是通过机械或其他装置产生冷却效果的方法,称为人工制冷,简称制冷。这种方法始于1920年巴西莫罗威尔赫金矿在地面安装一台制冷量为1768 kW的制冷机用来降低矿井通风温度,即"矿井空调"的开始;随后,各国生产多种矿用制冷机,我国使用人工制冷降温技术较晚,是在二十世纪七十年代煤矿开始使用的。

矿井人工制冷系统有三种型式:

(1) 制冷机和冷却水塔设置在地面,对矿井总进风量进行冷却。

(2) 全部制冷降温系统设置在矿井,制冷机设置在回风井附近,冷却水设置在回风流中,冷却器设置在作业面入风口处,进行降温。

(3) 制冷机和冷却水设置在地面,将冷媒(水或盐水)通过隔热管道送至矿井,冷却器设置在作业面入口处,对作业面的入风流进行降温。

(二) 矿井防冻

我国东北、西北、华北地区,冬季寒冷,气温较低,当进风井巷岩壁有渗水或滴水时,会产生冰冻,给运输提升造成困难。冰冻严重时,会发生卡罐、水管冻裂,甚至冰凌坠落造成人员伤害事故。因此,必须对矿井空气采取预热。

矿井空气预热方法有两种,即采用锅炉预热和地面预热:

1. 锅炉预热

锅炉预热,是将部分冷气经加热器,使温度提高到 70~80℃ 后,由专用风道送入风井巷与冷空气混合,混合后的气温不得低于 2℃。

2. 地温预热

当岩层与空气之间存在温差时,便产生了热交换,使空气温度逐渐接近岩体温度。地温预热就是利用地层的调温作用,加热矿井进风的技术措施。

第七节 矿井防尘

一、矿尘的产生与粉尘的性质

(一) 矿尘的产生

矿尘是由于矿山的各生产过程(如凿岩、爆破、装运、破碎等环节)产生的。矿井矿尘产生的强度根据实测资料统计数据表明,矿井干式凿岩、爆破、装运的产尘量分别为 85%、10%、5%,采取湿式作业时,则分别为 41.3%、45.6% 和 13.1%。

(二) 粉尘的性质

1. 粉尘的成分

我国矿山井下粉尘中主要含有游离二氧化硅，一般粉尘中游离二氧化硅的含量为30%～70%。极少数矿山粉尘中含游离二氧化硅高达90%以上。

2. 粉尘浓度

粉尘浓度是指悬浮于单位体积空气中的粉尘数量。说明粉尘危害程度的一个重要指标，浓度越高，危害性越大。粉尘浓度有两种表示方法：

(1) 计重法：用每立方米空气中含有粉尘的毫克数表示，mg/m^3。

(2) 计数法：用每立方厘米空气中含有粉尘的颗粒数表示，粒/cm^3。

3. 粉尘的粒度

粉尘的粒度是指粉尘颗粒大小的尺度。(单位为 μm)。根据粒径不同矿山粉尘可分为：

(1) 粗尘—粒径大于 40 μm；

(2) 细尘—粒径为 10 μm；

(3) 微尘—粒径为 0.25～10 μm；

(4) 超微尘—粒径小于 0.25 μm。

粉尘粒径的大小，直接影响其物理、化学性质。

4. 粉尘的分散度

粉尘的分散度是指在一定数量的粉尘中，不同尘粒所占的百分数。粉尘分散度分为四个等级：

(1) 小于 2 μm；

(2) 小于 2～5 μm；

(3) 小于 5～10 μm；

(4) 大于 10 μm。

据统计 5 μm 以下的呼吸性粉尘约占 90%。

二、矿尘的危害

矿井巷道中的粉尘危害极大，它的存在不仅会导致生产环境恶化，加剧机械设备磨损，缩短机械设备的使用寿命，更重要的是危害矿井职工身体健康，引起各种职业病。人体长期吸入矿尘，轻者会引起呼吸道炎症，重者会引起尘肺病。

1. 尘肺病的分类

根据致病粉尘的不同，尘肺病分为如下类型：

(1) 硅肺病（旧称矽肺病）；

(2) 石棉肺病；

(3) 铁硅肺病（旧称铁矽肺病）；

(4) 煤肺病等。

2. 有些粉尘会引起支气管、哮喘，过敏性肺炎，甚至呼吸系统肿瘤。矿尘还可以直接刺激皮肤，引起皮肤炎症；刺激眼睛，引起角膜炎；进入耳内使听觉减弱，有时也会导致炎症。

3. 尘肺病分为三期，用代号"Ⅰ"、"Ⅱ"、"Ⅲ"表示。

(1) Ⅰ期 重体力劳动时呼吸困难，胸痛，轻度咳嗽；

(2) Ⅱ期 在重体力劳动成一般工作中觉得呼吸困难，胸痛，干咳或咳嗽带痰；

(3) Ⅲ期即使休息或静止不动也感到呼吸困难，胸痛，咳嗽带痰。

三、矿井粉尘浓度的监测

为了掌握矿井粉尘浓度，采取有效措施，更好地控制粉尘浓度，达到国家标准。改善矿井作业环境，确保井下职工身体健康，因此，必须认真做好粉尘的测定工作。

（一）检测粉尘方法

测量矿井粉尘浓度的方法主要有两种，即计重法和计数法。前文已述，不再赘述。目前我国主要采用滤膜计重法测定矿井粉尘浓度。

（二）检测原理

滤膜计重法测定粉尘浓度的原理是，利用抽气设备抽取测点中一定体积的含尘空气，将粉尘阻留在滤膜上，根据通过滤膜的空气体积计算出粉尘浓度。

（三）检测器材

滤膜计重法检测粉尘浓度的主要器材有：采样器、滤膜、转子流量计和天平。

1. 采样器：种类较多，还有多种类型的呼吸性粉尘采样器和快速测尘仪。

2. 滤膜：属一种高分子化合物制成的超细合成纤维膜，其类型有两种，即 $\phi 40$ mm 和 $\phi 75$ mm。

3. 转子流量计：用其流量为 10～80 L/min 的转子流量计。

4. 天平：采用感量为 1/10000 g 的分析天平。

四、矿井防尘措施

（一）通风除尘

通风除尘的作用是稀释和排出进入矿井内空气中的粉尘。

1. 最低排尘风速

最低排尘风速是指能使对人体最有危害的微细粉尘（5 μm 以下）保持悬浮状态并随风流运动的最低风速。根据《金属非金属矿山安全规程》对排尘风的规定硐室型采场最低风速不得小于 0.15 m/s；巷道型采场和掘井巷道的最低风速应不小于 0.25 m/s；电耙巷道和二次破碎巷道最低风速不得小于 0.5 m/s。

根据试验观察，当巷道风速达到 0.15 m/s 时，5 μm 以下的矿尘能够悬浮并与空气均匀混合而随气流运动。

2. 最优排尘风速

当作业地点风速增加到 1.5~2 m/s 时，粉尘浓度将降到最小值，这一风速称为最优排尘风速。如风速再增高，又会起副作用，吹扬起已沉落的粉尘，使巷道粉尘浓度增高。

（二）喷雾洒水

湿式作业是矿山普遍采用的一项重要防尘技术措施。其设备简单，使用方便，成本低，费用小，效果好，在有条件的矿山企业应尽量采用，此法除尘按其作用可分为两种类型，即用水湿润沉积的粉尘和水捕捉悬浮于空气中的粉尘。

1. 用水湿润沉积的粉尘

将水喷洒在矿岩堆、巷道壁等处的粉尘，以及凿岩产生的尚未扩散进入空气中的粉尘，当粉尘被水湿润后，尘粒间相互附着凝集成较大的颗粒。同时因粉尘湿润后增加了附着性，黏结在巷道周壁或矿岩表面上，这样在矿岩装运时粉尘不易飞扬起来。

在矿岩装载、运输和卸载等生产过程的地点，以及产尘设备和场所，都进行喷雾洒水，可明显降低粉尘浓度。凡生产强度高、产尘量大的设备或地点，应设置自动洒水装置。洒水应使用喷雾器，这样喷洒均匀，面积大，湿润效果好，耗水量少。洒水应根据矿岩的数量，一般每吨矿岩的洒水量为 10~20 L。

2. 湿式凿岩

凿岩全过程，将水通过凿岩机充满孔底，湿润冲洗凿岩所产生的粉尘，使粉尘形成泥浆排出。

采用此法应注意如下事项：

（1）保证足够的供水量

应有保证足够的供水量，能满足充满孔底的需要。

（2）避免压气或空气混入水中

如压气或空气混入冲洗水中并进入孔底，矿尘表面会形成吸附气膜,气体在水中形成气泡,微细粉尘能附于气泡而逸出孔外,从而会严重影响除尘效果。

3. 用水捕捉空气中浮水尘

用水捕捉悬浮在空气中的粉尘,是将水化成雾状的微细水滴喷射于空气中,使水滴与尘粒碰撞接触,则尘粒被水捕捉而附于水滴上,从而加快沉降于地面。采用此法应注意如下几方面:

(1) 影响水滴捕尘效率因素

1) 水滴的粒度

根据多方实践总结的实际经验:水滴粒度既不能过大,也不能过小,一般水滴直径粒度为尘粒直径的 100~150 倍时,捕尘效果最佳。

2) 水滴喷射速度

水滴喷射的速度越快,捕尘的效果越好。

(2) 喷雾器

矿山应用较多的是涡流冲击式喷雾器和风水喷雾器,各矿山企业应根据本单位的实际,选择合适的型号。

(三) 个体防护

加强个体防护是综合防尘的一项重要防尘措施,个体防护主要有以下两个方面:

1. 防止粉尘危害的个体防护用品

防止粉尘危害的呼吸器护具,可分为三种类型,即净气式、通风式、自给式,每一类有多种型号,各矿山企业可自行选择。

2. 防护口罩

井下职工佩戴口罩是防止粉尘进入体内的一种有效措施,矿山企业应根据本单位的实际情况,按照国家口罩的标准,在具有制作口罩资质的定点单位选购。

第八节 矿井防火

矿井发生火灾事故有内因火灾事故和外因火灾事故。

一、矿井内因火灾

（一）矿井内因火灾发生的原因

矿井内因火灾发生的主要原因是由于矿岩的自燃、堆积的煤、含硫矿物，含碳矸石等可燃物质，在适当的环境温度下与空气接触发生氧化而产生热量，当产生的热量大于向周围散热的热量时，则该物质的温度自行升高，这种现象称为自燃。若自燃过程持续，物质便不断加热，直到其温度升高到它的着火点，引起自燃，导致火灾的发生。

（二）矿井内因火灾事故案例

1. 事故经过

2003年5月6日，湖南省某地下铁矿－235 m水平，因采空区顶板冒落的黑色碳质页岩自燃，导致发生一起火灾，造成6人死亡，直接经济损失356.6万元。

2. 事故原因分析

（1）矿井内因火灾直接原因

导致火灾的直接原因是含碳矸石可燃物质，在矿井温度与空气接触发生氧化而产生热量，当产生的热量大于矿井巷道周围散发的热量时，碳矸石物质便自然升温到着火点，引起自燃，导致火灾的发生。

（2）矿井内因火灾间接原因

该矿已知本矿井矿岩物质能自燃，未制定矿井预防自燃发火灾害的措施，当火灾发生后，不能采取有效措施进行处理，因而造成人员伤亡、财产损失的重大火灾事故。

二、矿井外因火灾

(一) 矿井外因火灾发生原因

矿井外因火灾发生的主要原因是由于可燃物与明火或高温物体接触,电气线路、照明和电气设备的使用与管理不善,矿井违章焊接作业,使用火焰灯、吸烟或无意有意点火等引发火灾。

(二) 矿井外因火灾事故案例

1. 事故经过

2006年5月20日,湖南省某铜矿井下-183 m水平大爆破运炸药过程中,挂在附近岩坎上的照明灯,因未固定牢,突然掉落至17.7 t的铵油炸药堆后面,电石灯的火焰点燃药卷蜡纸,引发一起火灾,造成16人死亡,直接经济损失583.9万元。

2. 矿井外因火灾事故原因

(1) 矿井外因火灾直接原因:

电石灯的火焰点燃了底层药卷蜡纸,导致火灾的发生。

(2) 矿井外因火灾间接原因:

①安全管理规章制度不健全;

②安全检查不到位;

③电石灯固定不牢。

三、矿井火灾的处理

无论何人发现火灾时,应及时报告调度室及有关领导,按照矿井防火预案,采取有效措施;先将人员撤离到安全地点,并组织人员利用现场的一切工具和灭火器材及时灭火。

主管矿长接到火灾报告后,应立即组织矿山救护队和有关人员,查明发火原因及发火地点的情况,根据防火预案,制定具体实施灭火和抢救行动计划,应有防止风流自燃反向和有毒有害气体蔓延的措施。

矿井灭火方法如下：

1. 直接灭火法

火源初期可用水、砂、灭火器在火源附近直接灭火。但要注意的是，如遇油类火焰绝不可用水扑灭；电器设备着火时，首先应切断电源，在未切断电源前只能用不导电的灭火器材灭火。

2. 隔绝灭火法

在火势猛、面积大、火灾蔓延无法采用直接灭火法来扑灭火灾的情况下，应及时封闭火区。在所有通往火区的巷道内砌筑防火密闭墙，防止空气进入火区，使火焰由于缺氧而逐渐熄灭。密闭墙有三种类型，即临时密闭墙、永久密闭墙和防爆墙。在封闭发火地点时，可先采用临时密闭墙封闭，起到隔热作用后，而后再砌筑永久防火墙。在有毒有害气体中封闭火区，须佩戴自给式呼吸器。

3. 混合灭火法

综合灭火法在隔离灭火的基础上，为了更有效地隔离火区空气氧气，应在火区封闭后，采取充填、灌浆，注入惰性气体等物质及采用均压通风等手段尽快灭火，禁止向采矿场内输水，充填过程中应随时检查封闭的强度和效果。

四、矿井火灾的预防措施

（一）内因火灾的预防措施

1. 有自燃发火的矿井至少每月对井下空气成分、温度、湿度和水的 pH 值测定一次，以此掌握内因火灾的特点和规律。

2. 有自燃发火危险的地下矿山企业，矿井巷道应安装现代化的环境监测系统，实施连续自动监测与报警。

3. 开采有自燃发火危险的矿床，应采取如下防火安全措施：

（1）主运输巷道和总回风道，应布置在无自燃发火危险的围岩中，并采取预防性灌浆或其他有效的防治自燃发火的措施；

(2)正确选择采矿方法,合理划分矿块,并采用后退式回采方式。采用充填法采矿时,应采用惰性材料充填采空区;采用其他采矿方法时,应确保在矿岩发火之前完成回采与放矿工作,以免矿岩自燃;

(3)采用黄泥灌浆灭火时,钻孔网度、泥浆浓度和灌浆系数应在设计中规定;

(4)尽可能提高矿石回收率,矿井内不留或少留碎块矿石,工作面不应留存坑木等易燃物;

(5)及时充填需要充填的采空区;

(6)严密封闭采空区的所有透气部位。

(二)外因火灾的预防措施

1. 矿井应设立消防供水系统,消防水池容积应不小于200 m^3。管道规格应根据生产用水和消防用水的需要。用木材支护的竖井、斜井及其井架、主要运输巷道、井底车场等,应设置消防水管。生产供水管兼作消防水管时,应每隔50~100 m设支管和供水接头。

2. 木材场、有自燃发火危险的排土场,应布置在距离进风井口常年最小频率风向上风侧80 m以外。

3. 主要进风巷道、进风井筒及其井架和井口建筑物,主要扇风机房和压入式辅助扇风机房,风硐及暖风道,井下电机室、机修室、变压器、变电所、炸药库等,均应用非可燃性材料建筑,室内应张贴醒目的防火标志和防火注意事项,并配备相应的灭火器材。

4. 井下各种油类,应单独存放在安全的地点。装油的铁桶应有严密的封盖。应采用输油泵或唧管输油,尽量减少漏油。储存动力油的硐室应有独立回风道,其储油量应不超过三周的需用量。

5. 井下柴油设备和油压设备,如有漏油应及时处理。

6. 禁止用火炉或明火直接加热井下空气,或用明火烧烤井口冻结的管道。

7. 井下不准使用电炉和灯泡防潮、烧烤和取暖。

8. 井下动火作业，应制定经主管矿长批准的防火安全措施，并派专人监护。

第九节　矿井通风管理

一、矿井通风管理机构的设置及其职责

为了抓好矿井通风工作，排除尘毒危害，改善职工在矿井的作业条件，保护职工的安全与健康。矿山企业必须按照国家有关规定设置矿井通风管理机构。

（一）管理机构的设置

目前，我国金属非金属矿山通风管理机构，未单独设立，矿级由安全科主管日常通风防尘管理工作，车间安全组实施具体通风防尘的管理。

（二）各级通风防尘职责

1. 安全科的职责

（1）建立健全通风防尘管理制度；

（2）制定通风防尘技术措施计划，并组织实施；

（3）审定车间上报的通风防尘计划；

（4）指导车间通风防尘工作；

（5）采用多种形式抓好通风防尘的宣传教育工作；

（6）审定车间通风防尘检测情况；

（7）负责职业病的检查及日常的管理；

（8）定期组织通风防尘工作；

（9）及时上报本单位实施通风防尘工作情况。

2. 车间安全组的职责

(1) 负责日常的通风防尘工作；

(2) 制定通风防尘计划，并上报；

(3) 经常检查通风系统的工况；

(4) 负责通风防尘设施的维护；

(5) 指导通风防尘工的工作；

(6) 采用多种方法抓好通风防尘的宣传教育工作；

(7) 参加因通风不良造成事故的调查与分析。

3. 通风工的职责

(1) 严格执行本单位各项安全生产管理制度；

(2) 严格按照通风岗位技术操作规程操作，坚守岗位，不准擅离职守；

(3) 熟知本岗位生产工艺、通风设备设施的技术性能、安全操作规范；

(4) 能熟练操作和使用通风设施；

(5) 及时发现和排除风机的常见故障；

(6) 能认真做好通风设施设备的维护保养。

4. 矿井通风工安全操作规程

(1) 矿井通风工必须经专业培训，考试合格，并取得特种作业资格证，方能上岗单独操作；

(2) 上岗前必须穿戴好劳动防护用品。操作前应认真检查周围环境，确认无隐患，方可操作；

(3) 风机应安装在矿井无淋水、无浮石滚动的安全地点，并固定牢靠；

(4) 操作前应认真检查通风设施是否良好，确认无故障后，方可启动风机运行；

(5) 电缆线必须悬挂在巷道壁上，并要挂牢；

(6) 搬运通风设施、设备和材料，应捆扎牢固，抬运时应互

相配合,步调一致,以防扭伤;

(7) 检测通风设施,事先应检查检测仪器仪表是否良好,确认无误后,方可检测;

(8) 上岗作业时,必须集中精力操作,不准擅离职守,并严禁非岗位人员入内;

(9) 操作时,发现巷道内有危及人身安全的现象,应立即停止作业,撤离到安全地点,并及时上报;

(10) 严格执行本岗位安全操作规程和矿各项安全生产管理制度,不违章作业,不违反劳动纪律,拒绝违章指挥;

(11) 发生事故时,应及时报告有关领导,并保护好现场情况,发现隐患及时整改,使通风系统处于良好状态,适应矿井安全生产的需要。

(三) 矿井通风管理内容

矿井通风管理的主要内容如下:
(1) 矿井通风系统的检测;
(2) 矿井通风网络的调整;
(3) 风量与风质的检测;
(4) 风机工况的测定与调整;
(5) 通风构筑物的调整;
(6) 通风设备设施的维护。

二、矿井通风检测及注意事项

(一) 检测时间与内容

按照《金属非金属矿山安全规程》的规定,地下矿山通风系统应每年检测一次。检测和检查的主要内容如下:
(1) 全矿的风速、风量及工作面的风质;
(2) 通风阻力测定;
(3) 风机工况;

(4) 全面检查通风构筑物;

(5) 对通风系统进行全面检查。

(二) 检测注意事项

1. 风速与风量检测注意事项

(1) 测定前的准备工作

①测点布置,应在通风系统图上,布置测点,并按顺序编号,布置的基本原则是采用较少的测点能控制全矿井的风量分配;

②断面测点的测定,在井巷中,应找到对应的测点写上编号,并测定其断面面积;

③测定前应给所有操作者明确任务和职责。

(2) 检测时注意事项

①每个测定小组,必须指定一名有丰富经验者负责;

②检测仪器仪表完好、可靠;

③每次检测须带备用仪表。

(3) 检测数据的统计

①所测风量记入专用表格时,必须注明测点的所在巷道、水平、地点、时间、进风与回风;

②校正实测风量为标准状态的标准值;

③将实测风量值标在相关图纸上,进行风量平衡,并查找通风系统中存在的问题,写出书面报告。

2. 风质检测要求

根据《金属非金属矿山安全规程》的规定,其具体要求如下:

(1) 每月必须检测一次矿井空气中的含尘浓度和有毒有害气体的含量。

(2) 逐月将测定的数据统计、分析,及时上报;

(3) 实测数据应每月向员工公布。

3. 扇风机工况检测注意事项

(1) 检测人员必须经过培训并考核合格,取得特种作业资格证书，方能上岗；

（2）检测人员必须熟知检测仪器仪表的技术性能、工作原理和各类测定方法；

（3）检测扇风机集风器进口、扩散器出口断面和风机站测风断面面积时。应针对不同情况、不同类型的井巷采用不同的测定方法。

三、风机站与风机的维护检测

安装在井下的风机站及风机风量、风压、效率的测定，其测点应布置在风机前或后 10～15 m 处，检测风机的参数与机站参数之间的差距，就是机站的损失，其损失量约 30%。

风机站安装在矿井下的优点，一是便于风机的维护与检修；二是缩短通风网路的距离，减少系统漏风，提高通风效率，便于管理。国内外越来越多的地下矿山把风机安装在井下，特别是多级机机站通风，绝大多数是安装在井下。

第三章 实际操作技能

实际操作技能是检验通风工掌握本专业知识的一把尺子。因此,通过理论知识的培训后,必须进行实际操作技能的考试,考试合格,方可取得特种作业证书。

第一节 矿井通风系统图

一、通风系统应掌握的内容

对矿井通风系统图,要求掌握如下内容:
1. 掌握矿井通风系统图的组成。
2. 了解图纸中各系统的基本内容。
3. 能识别矿井通风系统图纸。

二、通风网络图的绘制

用不成比例,不反映空间关系的单线条来表示矿井通风网络的图,叫通风网络图。通风网络图是在通风系统图的基础上绘制的。

通风网络图可以把各通风巷道(包括漏风风路)之间的关系和风流的流动情况更加清晰地表示出来,便于分析研究通风系统的合理性,进行通风网络解算,改善和加强矿井通风管理。

根据生产的实际需要,可绘制一个矿井、一个采区,或任一局部通风系统的通风网络图。图 3-1b 是图 3-1a 的通风网络图。绘制通风网络图的具体方法和原则如下：

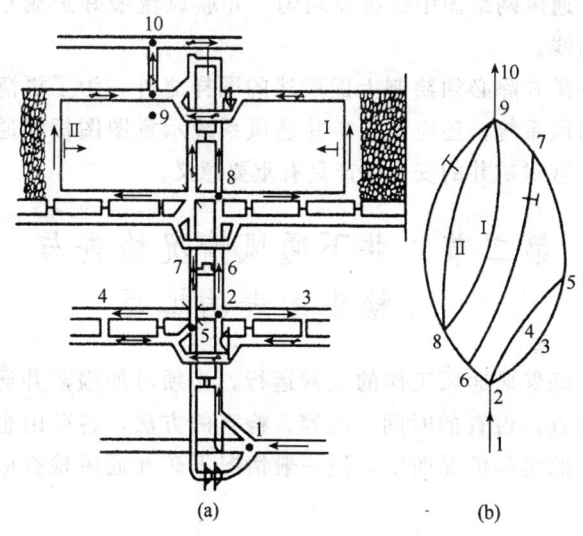

图 3-1 采区通风系统图与通风网络图
(a) 采区通风系统图　(b) 通风网络图

（1）在通风系统图上，沿风流流动路线将各分岔点和汇合点依次编号（图 3-1 中的 1~10），再沿编号顺序将风流流动路线按各分岔、汇合点的结构依次绘成单线图，并在各线段上标明风流方向、巷道风阻、通过风量及通风阻力等数值。

（2）几个相距很近的汇点，可根据情况简化为一点，某些局部区段可简化为一条单线，但应注明此区段始末两点的编号，线段上所注的风阻、风量及阻力应为此区段的总风阻、总风量和总阻力。

（3）无通风机工作的几个标高相差不大的井口，可以闭合为一点。

（4）应画出主要漏风地段及主要通风设施，必要时还应画出回采工作面，备用工作面和火区位置。

（5）通风网络图中线条要均匀，并联风流最好画成互相对称的圆弧曲线。

每一矿井除必须绘制上面所述的图样之外，为了更清晰地反应矿井通风系统，还应设置矿井通风系统示意图图板和通风网络图图板，这对矿井的安全生产具有重要意义。

第二节 井下通风情况检查与检查图表的填写

为了确保矿通风工作的正常运行，必须对加强矿井通风综合情况的检查，检查的时间、内容、检查的方法，各矿山企业应根据本单位的实际情况而定。但一般情况下矿井通风检查应遵循如下要求：

一、检查时间

矿每季检查一次，车间每月检查一次，班组应每班检查一次。检查应由各级专管负责人组织有关人员进行检查。

二、检查的内容

（1）通风设备、设施状况；
（2）风速；
（3）风量；
（4）风质。

以上内几项内容是否符合安全规程的规定，如不达标，应及时整改。

三、检查的方法

1. 看

看通风设备、设施工况是否良好。

2. 问

了解员工对通风工作的意见和建议。

3. 测

采用仪器仪表检测风速、风量、风质。

四、图表填写

在填写图标的时候应当满足以下要求：
（1）数据准确；
（2）字迹工整；
（3）按规定的时间及具体要求填写。

第三节 独头工作面局部通风的风机布设方式和安全技术要求

一、独头工作面局部通风的风机布置方式

1. 压入式通风

压入式通风是使用巨山将新鲜风流压入工作面，同时将有害气体从掘好的巷道排出。此种通风方式工作面的通风时间短、但全巷道的通风时间长，因此不适合长距离巷道掘进的通风。

2. 抽出式通风

抽出式通风时利用局扇经过风筒将堵头工作面的有害气体抽出，从而引进新鲜风流的通风方式。由于风流吸程短、作业人员周围的风速小，工作面条件差，因此不适合大断面掘进。

3. 混合式通风

混合式通风是充分利用抽出式通风及时排出巷道有害气体的优点,结合压入式通风有效射程远,排出有害气体。多用于大断面长距离掘进时的通风。

二、独头工作面局部通风的风机布置安全技术要求

1. 局扇应有完善的保护装置,避免发生触电或者叶片伤人事故。

2. 局部通风的通风口与工作面的距离:压入式通风应不超过10 m;抽出式通风应不超过5 m;混合式通风,压入风筒的出口应不超过10 m,抽出风筒的入口应滞后压入风筒的出口5 m以上。

3. 人员进入独头工作面之前,应开动局部通风设备通风,确保空气质量满足作业要求。独头工作面有人工作时,局扇应连续运转。

第四节 井下风向的判断方法及井下风量、风向调节方法

一、风向的判断方法

判断风向的方法是采用测定仪器即可判定。

二、井下风量调节方法

在巷道和挡风墙上设置风窗,是实现风量调节的有效措施。

三、风向调节方法

在巷道内设置反风装置,调节风向。调节风向的重要作用是,

能有效防止进风井筒或井底车场附近发生火灾时，有害气体顺主风流带到作业地点，同时有利灭火工作的进行。

第五节 主扇风机的操作要领、保养及常见故障的判断与处理

一、主扇风机、局扇的操作程序

（一）设备启动程序

执行设备启动程序时应当注意：

（1）接班进入风机站操作室后应认真检查微机系统和线路电压是否正常；

（2）检查操作室内的仪器、仪表必须完好无损；

（3）检查风道内是否有人；

（4）检查维修通道内是否关闭；

（5）检查风机及电机轴承是否正常；

以上经确认无误后，方可启动设备。

（二）风机运行作业

风机运行作业时应当注意：

（1）操作风机时，应按照操作规程操作；

（2）设备运行时，应在屏幕上监视风机运行状况，发现异常情况，应立即停机，并派员到现场处理；

（3）根据调度作业指令停机或开机。

二、扇风机维护保养流程

（1）检查确认仪表是否完好；

（2）检查确认电机轴承有无溢油，端盖螺丝有无松动现象；

（3）检查风机扇叶连接紧固状况；

(4) 检查确认风机转动是否灵活；

(5) 检查维护风机各部位时，必须断开电源，并挂警示牌；

(6) 进入风道维护时，必须带手电筒。

三、扇风机常见故障的判断与处理

扇风机常见故障及处理方法如下：

1. 风机运行有异响

产生原因为电机发热，电流升高或电机烧毁等，处理方法如下：

(1) 停机检查；

(2) 检查电机是否正常；

(3) 检查风叶有无松动。

2. 电机突然起火

(1) 产生原因如下：

1) 电流过大；

2) 超负荷运行；

3) 电机内无绝缘油。

(2) 处理方法

1) 立即停电；

2) 用灭火器进行灭火；

3) 火灭后，速请专业人员检查电机。

3. 风机转速慢

(1) 产生原因

1) 电压低；

2) 风机自身有故障。

(2) 处理方法

1) 用电话与供电部门联系；

2) 检查电机是否损坏。

四、风筒漏风的处理方法

处理风筒漏风有如下措施:

(一) 改进风筒接头方法和减少接头数量

1. 改进接头方法

风筒一般是采用插接法,即把风筒的一端风流方向插到另一节风筒中,并拉紧风筒使两个铁环靠紧。这种接头方法简单,但漏风大,为减少漏风,普遍采用反边接头法。反边接头法分单反边、双反边和多反边三种。

2. 减少接头数量

不论采用哪种接头方法,均不能杜绝漏风,因此,应尽量减少接头数量,并选用长节风筒。目前普遍使用的是柔性风筒,每节长为10 m,可采用胶黏接头法,将5～10节风筒顺序黏接起来,使每节风筒的长度增到50～100 m,从而减少大量接头数以减少漏风量。

(二) 减少针眼漏风

胶布风筒是用线缝制成的,在风筒吊环鼻和缝合处,都有很多针眼,据实际现场观察1个大气压下,针眼普遍漏风。因此,对风筒的针眼处应用胶布黏补,以减少漏风。

(三) 防止风筒破口漏风

风筒靠近工作面的前端,应设置3～4 m长的一段铁风筒,随工作面推进向前移动,以防爆破崩坏风筒。掘进巷道要加强支护,以防冒顶片帮砸坏风筒。风筒要吊挂在上帮的顶角处,防止被矿车刮破。

(四) 降低风筒的风阻

为了降低风筒的风阻以增加供风量,风筒应逢环必挂,缺环必补;吊挂平直,拉紧吊稳。局部通风机要用托架抬高,尽量和风筒成一条直线。减少风筒风阻,是防止风筒变形破裂和增大风质的一项重要措施。

第六节 通风构筑物的修建作业要领

一、风门

矿井通风系统中既要隔断风流又要在行人或通车的地方应设立风门。在行人或通车不多的地点，可构筑普通风门。

普通风门可用木板或铁板制作。其要求是门扇与门框之间应呈斜面接触，比较严密，结构坚固。

二、密闭

密闭是隔断风流的构筑物。设置在需隔断风流、不需通车行人的巷道中。密闭的结构随服务年限的不同而分类：

(1) 临时密闭，常用木板、木段修筑；
(2) 永久密闭，常用石料、砖、水泥等不可燃材料修筑。

三、风幛

纵向风幛是沿巷道长度方向构筑的风墙，它将巷道隔成两个格间，一格进风，另一格回风，可以在巷道掘进时使用。纵向风幛用木板、砖、石料等构筑。

四、风桥

风桥是将两交叉风流（新鲜风流与污风）互相隔开的一种构筑物。风桥必须坚固、严密、漏风少、风阻小，通过风桥的风速应不小于 10 m/s。

按风桥的结构及材料，可分为绕道风桥、混凝土风桥两种；绕道风桥坚固耐用，能通过较大风量，用于主要风路中。混凝土风桥风量以不超过 20 m³/s 为宜。

五、风窗

风窗是用来增加巷道局部阻力，调节巷道风量的通风构筑物。它是在木板或砖石的挡风墙上开一个窗口，其面积大小可以调节，达到调节风量的目的。风窗应设在无运输、行人的巷道中。

六、自动风门的维护

自动风门按采用的动力可分为：水动、气动、电动三种类型的自动风门；按结构形式分为单扇、双扇和卷帘式自动风门。制作材料分为：木质风门、金属风门和其他材质制作的风门。矿山使用较多的是碰撞式自动风门，其结构简单、操作方便、经济实用，缺点是碰撞构件易损坏，需经常维修。

七、局扇的安装与拆除

局扇布置安装，无论采用何种通风方式，都应设置在主风流即贯穿风流的巷道中。压入式通风，吸风口应设在贯穿风流巷道的上风侧，且距独头巷道口不得小于 10 m，采用抽出式通风时，局扇的排风口应设置在贯穿风流巷道的下风侧，距独头巷道口不得小于 10 m。

当局扇通风不适应独头巷道掘进风量的需要时应拆除，改换设置地点。

八、风筒的安装与拆除

局扇与风筒必须匹配使用方可进行有效通风。掘进使用的风筒有两种，即刚性风筒和柔性风筒。

1. 刚性风筒

刚性风筒有金属风筒、塑料风筒、玻璃钢风筒和钢筋骨架的可伸缩风筒等多种类型，金属风筒和玻璃钢风筒采用法兰盘连接安装，可伸缩风筒使用快速接头连接安装。

2. 柔性风筒

有胶布风筒、人造革风筒，均使用内压圈反边的连接方法安装，如有破损或局扇移位时，应及时拆除。

九、局扇与风筒的运送

1. 运送局扇和风筒必须有专人负责，装车后均不得超高、超宽，并要固定牢。

2. 入井前应与调度室及有关单位联系，运送时应严格遵照运输部门的有关规定。

3. 入井后卸载应相互配合，靠近巷道放置时，不得影响矿车行使和堵塞安全通道。

第七节 井下反风操作要领及要求

在正常情况下，通风机没有必要反风。只有在进风井筒或井底车场发生火灾或瓦斯爆炸时，为防止烟火和有害气体随风流进入采区、危害井下工作人员生命，才进行反风。反风可以改变风流方向，缩小灾害范围以保证井下工作人员的安全撤出。

改变通风系统正常风向叫做反风。用于反风的各种设备和设施叫做反风装置。其主要由反风道、闸门和慢速绞车等组成。为了保证矿井的安全生产，矿井必须安装反风装置。

一、反风适用条件及技术要求

1. 矿井发生灾害时的反风

实践证明，要不要反风，在什么情况下进行反风，在很大程度上取决于灾害发生的地点、性质及灾害程度。采取反风时,要镇静果断。但要做到这一点必须重视学习预防和处理事故预案,以及做好反风设备的检查维护和定期演习,并力求深深入细致,这样,就能在必要时做到及时反风,保证安全。

一般来说,矿井发生灾害是否进行反风,有以下几点可供参考:

(1) 风井口、进风井筒、井底车场、主要进风大巷(或运输大巷)等地点发生火灾事故时,可以进行全矿井反风。在反风之前,有时需要紧急提升这些地区的人员到地面,以抢救灾区内人员使其免遭有害气体的侵袭。

(2) 灾变时期一般不能停止主通风机运转,由于矿井存在的自然风压,特别是由于火灾产生的火风压,会使井下风流混乱、反向,大量有害气体充满井下巷道和采区,更易中毒窒息。

(3) 我国不少煤矿的反风经验证明,使用多台主通风机联合运转的矿井是能够实现多风机联合进行反风的;同时,为了实现某一个区域的反风,也可以通过不同的反风方式来达到反风的目的。

(4) 在采区以内或回风系统中发生火灾或瓦斯、煤尘爆炸事故时,一般不能进行全矿井反风,而应采取风流短路的办法将有害气体排出,以免人员遭到伤害。如何将有害气体的风流进行短路呢?这要根据具体的巷道布置而定,有关使风流短路的具体措施、人员的避灾路线等,都应在灾害预防和处理事故计划中有明确规定。

2. 反风技术要求

(1) 矿井反风后,总回风流中,一翼回风流或主要回风道风流中的瓦斯浓度都不得超过2%。

(2) 生产矿井在每年一次,连续两年的反风演习中,每次演习持续反风的时间应达 2 h，反风后的瓦斯涌出量低于正常通风时的涌出量，且总回风流中的瓦斯浓度不超过 2% 时，反风率可低于 60%，但不应低于 40%。

(3) 反风率是检查和衡量反风效果的重要指标，各矿应根据不同情况，分别计算矿井系统反风率及主通风机反风率。

(4) 从下达反风命令开始，主通风机的反风操作时间不应超过 8 min。

(5) 反风设备由矿长组织有关部门每季度至少检查 1 次，每年至少进行 1 次反风演习。

二、反风时的操作注意事项

反风应在矿长或总工程师的指挥下进行，用反风道反风时要保持通风机正常运转；用地锁将防爆门或防爆盖固定牢固；根据现场指挥的指令操作各风门，改变风流方向，使抽出式通风机风流由通风机压入井下，使压入式通风机风流由通风机抽入大气。

用反转电动机反风时，要做到：

1. 立即依次拉开正在运转的风机的油开关、隔离开关和正转隔离开关，使电动机断电，并锁住正转隔离开关，用刹车装置将风机停稳。

2. 用地锁将防爆门（盖）固定牢固。

3. 依次合上反转隔离开关（注意正反转隔离开关严禁同时合上），下隔离开关和油开关，使风机反转启动。

4. 各风门保持原状不变。

5. 对于导翼固定的通风机直接反转启动通风机；对于导翼可调角度的通风机，则先调整导翼调整器，改变导翼角度，然后反转启动电动机。

反风启动完毕要向反风指挥部汇报。如运转风机因故不能反转启动时，要迅速反转启动备用风机，并相应改变风门状态。反风期间，每隔 8 min 记录一次运转情况，并随时向反风负责人汇报设备反风运转情况。接到矿长或总工程师的停止反风命令后，依次拉开油开关、下隔离开关和反转隔离开关，并锁住反转隔离开关。用刹车装置使风机停稳。

反风期间要做好恢复正常通风，正转启动风机的各项准备工作。

三、反风设施的维护

除每年进行 1 次例行的反风演习外，只有当井下发生火灾等恶性事故时，才利用到反风设备和设施，以改变火灾烟流方向，抢救遇险矿工，减少灾害损失。为保证在 10 min 内顺利实现反风，反风设施平时就应随时处于完好状况。因此，加强对反风设施的维护检查，就显得十分重要。

反风设施应由矿长组织有关部门每季度检查一次。在定期检修主要通风机时，也要同时检修反风装置。

对反风设施的日常维护和检查要有专人负责，维护检查的主要内容有：

1. 反风门和闸板的开启、关闭应灵活可靠，不能卡死。北方地区冬季尤其要防止冻结。

例：某矿中央水泵房发生火灾，在作出反风决定后，由于导向板冻结，无法实现反风，致使有毒有害气体顺风流入巷道，造成 68 人窒息死亡的特大事故。

2. 风门应密封良好，防止漏风。可用光线透射法和观察法检查。

3. 操作风门的小绞车要经常维护检查，确保运行正常。

4. 小绞车钢丝绳每 6 个月检查 1 次，外观检查应无锈蚀、无损伤。不合格钢丝的断面积与总钢丝断面积之比达到 25％时，必须更换新钢丝绳。

5. 主要零部件，如滑轮，蝶形风门的蜗轮蜗杆传动系统的转动部件，要求运转灵活，并要定期注油。损坏、锈蚀的零部件要及时更换。

6. 反风道内应保持清洁。防止反风时将杂物吸入到主通风机内。造成主通风机的损坏。

附 录

金属非金属矿井通风作业人员安全技术培训大纲和考核标准

1 范围

本标准规定了金属非属矿井通风作业人员的基本条件、安全技术培训（以下简称培训）大纲和安全技术考核（以下简称考核）标准。

本标准适用于金属非金属矿井通风作业人员的安全技术培训和考核。

2 规范引用文件

下列文件所包含的条款通过本标准的引用而成为本标准的条款。凡是注日期的引用文件，其随后所有的修改单（不包括勘误的内容）或修订版均不适用与本标准，然而，鼓励根据本标准达成协议的各方研究是否可使用这些文件的最新版本。凡是不注日期的引用文件，其最新版本适用于本标准。

特种作业人员安全技术培训考核管理规定（国家安全生产监督管理总局令第 30 号）

GB 16423 金属非金属矿山安全规程

3 术语和定义

下列术语和定义适用于本标准。

3.1 金属非金属矿井通风作业 metal and nonmetal mine ventilasion operations

指安装井下局部通风机,操作地面主要扇风机、井下局部通风机和辅助通风机,操作、维护矿井通风构筑物,进行井下防尘,使矿井通风系统正常运行,保证局部通风,以预防中毒窒息和除尘等作业。

4 基本条件

4.1 年满18周岁,且不超过国家法定退休年龄。

4.2 经社区或者县级以上医疗机构体检健康合格,并无妨碍从事相应特种作业的器质性心脏病、癫痫病、美尼尔氏症、眩晕症、癔病、震颤麻痹症、精神病、痴呆症以及其他疾病或生理缺陷。

4.3 具有初中级以上文化程度。

5 培训大纲

5.1 培训要求

5.1.1 应按照本标准的规定对金属非金属矿井通风作业人员进行培训和复审培训,复审培训周期为三年。

5.1.2 培训应坚持理论与实践相结合,侧重实际操作技能训练;应注意对金属非金属矿井通风作业人员进行职业道德、安全法律意识、安全技术知识的教育。

5.1.3 通过培训,金属非金属矿井通风人员应掌握安全技术知识(包括安全基本知识、安全技术基础知识)和实际操作技能。

5.2 培训内容

5.2.1 安全基本知识

5.2.1.1 金属非金属矿山安全生产法律法规与金属非金属矿山安全管理

主要包括以下内容:

1) 我国安全生产方针;

2) 有关金属非金属矿山安全生产法律法规、标准规范;

3) 金属非金属矿山从业人员安全生产的权利和义务;

4）金属非金属矿山安全管理制度；

5）劳动保护相关知识。

5.2.1.2 金属非金属矿山生产技术与主要灾害事故防治

主要包括以下内容：

1）金属非金属矿山生产技术基本知识；

2）金属非金属矿山安全生产的特点，金属非金属矿山作业场所常见的危险、职业危害因素；

3）金属非金属矿山主要灾害事故的识别及防治知识，包括水害、火灾、中毒窒息、高处坠落、顶板事故、边坡事故、爆破事故、机电运输事故等；

4）安全色及安全标志；

5）案例分析。

5.2.1.3 金属非金属矿井通风人员的职业特殊性

主要包括以下内容：

1）金属非金属矿井通风的任务；

2）金属非金属矿井通风人员在防治金属非金属矿山灾害中的重要作用；

3）金属非金属矿井通风人员的职业道德和安全职责；

4）案例分析。

5.2.1.4 职业病防治

主要包括以下内容：

1）金属非金属矿山常见职业危害、职业病、职业禁忌症及其防范措施；

2）金属非金属矿山从业人员职业病预防的权利和义务；

3）案例分析。

5.2.1.5 事故报告、急救与避灾

主要包括以下内容：

1）事故报告与现场急救处理；

2) 自救、互救与创伤急救；

3) 金属非金属矿山发生各种灾害事故的避灾方法；

4) 矿山急救器材；

5) 地下矿山避灾系统及避灾设施；

6) 案例分析。

5.2.2 安全技术基础知识

5.2.2.1 矿内空气及气候条件

主要包含以下内容：

1) 矿内空气；

2) 矿内有害气体，包括矿井空气中有毒有害物质的种类、性质、来源、危害和最大允许浓度；

3) 矿井中的氡及子体；

4) 矿内气候条件，包括矿内温度、空气湿度、风速等因素及对人的影响。

5.2.2.2 矿井通风系统

1) 矿井通风系统的类型；

2) 阶段通风网路型式；

3) 矿井通风构筑物，包括通过风流的通风构筑物（风桥、风障、风窗、主扇风洞、扩散器及反风装置）、隔断风流的通风构筑物（密闭、风门）；

4) 局部通风，包括局部通风方法、局扇的工作方式和安设要求、局扇的基本结构、局扇通风风筒。

5.2.2.3 矿用通风机

主要包含以下内容：

1) 矿用轴流式通风机，包括轴流式通风机的分类及型号、基本结构、基本工作原理、基本性能参数及工况（流量、风压、功率、效率）；轴流式通风机的联合（串联、并联）工作方式，反风装置及反风要求；

2）矿用离心式通风机，包括离心式通风机的分类及型号、基本结构、基本工作原理、基本性能参数及工况（流量、风压、功率、效率）；离心式通风机的联合（串联、并联）工作方式等，反风要求。

5.2.2.4 矿井通风压力与通风阻力

主要包含以下内容：

1）矿内空气压力及其测定；

2）井巷通风阻力；

3）矿井通风动力。

5.2.2.5 矿井通风网路风量分配

主要包含以下内容：

1）矿井通风定律；

2）串联、并联（含角联）通风网路的性质；

3）并联网路的风量调节；

4）矿井漏风及有效风量。

5.2.2.6 特殊条件矿井的通风措施

主要包含以下内容：

1）含铀金属矿山的防排氡措施；

2）采用柴油设备的矿井的通风与净化；

3）矿井降温与防冻。

5.2.2.7 矿井防尘

主要包含以下内容：

1）矿井粉尘的危害；

2）测尘及除尘技术。

5.2.2.8 矿井防火

主要包含矿井内因火灾、外因火灾的原因、预防措施和处理措施。

5.2.2.9 矿井通风管理

主要包含以下内容：

1) 矿井通风岗位管理，包括管理机构、职责、管理内容等；
2) 风机站和风机的维护检测；
3) 案例分析。

5.2.3 实际操作技能

主要包含以下内容：

1) 矿井通风系统图读图方法；
2) 井下通风情况检查，检查图表的填写；
3) 独头工作面局部通风的风机布设方式和安全技术要求；
4) 井下风向的判断方法，井下风量、风向的调节方法；
5) 主扇风机的操作要领，例行维护保养流程，一般常见运转故障的判断和处理方法；
6) 通风构筑物的修建作业要领；
7) 井下反风操作要领及要求。

5.3 复审培训内容

5.3.1 有关安全生产方面的新的法律、法规、国家标准、行业标准、规程和规范。

5.3.2 有关金属非金属矿山生产的新技术、新工艺、新设备和新材料及其安全技术要求。

5.3.3 典型事故安全分析。

5.4 培训时间安排

5.4.1 初次培训时间应不少于80学时，具体培训学时宜符合表1的规定。

5.4.2 复审培训时间应不少于8学时，具体培训学时宜符合表2的规定。

6 考核标准

6.1 考核办法

6.1.1 考核的分类和范围

6.1.1.1 金属非金属矿井通风作业人员的考核分为安全技术知识（包括安全基本知识、安全技术基础知识）和实际操作技能考核两部分。

6.1.1.2 金属非金属矿井通风作业人员的考核范围应符合本标准6.2的规定。

6.1.2 考核方式

6.1.2.1 安全技术知识的考核方式可为笔试、计算机考试。满分100分，考试时间为90分钟。

6.1.2.2 实际操作技能考核方式应以实际操作为主，也可采用满足6.2.3要求的模拟操作或口试。

6.1.2.3 安全技术知识、实际操作技能考核成绩均60分及以上者为考核合格。两部分考核均合格者为考核合格。考核不合格者允许补考1次。

6.1.3 考核内容的层次和比重

6.1.3.1 安全技术知识考核内容分为了解、掌握和熟练掌握三个层次，按20％、30％、50％的比重进行考核。

6.1.3.2 实际操作技能考核内容分为掌握和熟练掌握两个层次，按30％、70％的比重进行考核。

6.2 考核要点

6.2.1 安全基本知识

6.2.1.1 金属非金属矿山安全生产法律法规与金属非金属矿山安全管理

主要包括以下内容：

1) 了解我国安全生产方针；
2) 了解有关金属非金属矿山安全生产法律法规、标准规范；
3) 了解金属非金属矿山基本安全管理制度；
4) 掌握金属非金属矿山从业人员安全生产的权利和义务；

5) 掌握劳动保护相关知识。

6.2.1.2 金属非金属矿山安全生产技术与主要灾害事故防治知识

主要包括以下内容：

1) 了解金属非金属矿山生产技术基本知识；

2) 了解金属非金属矿山安全生产的特点，金属非金属矿山作业场所常见的危险、职业危害因素；

3) 掌握金属非金属矿山主要灾害事故的识别及防治知识，包括水害、火灾、中毒窒息、高处坠落、顶板事故、边坡事故、爆破事故、机电运输事故等；

4) 掌握安全色及安全标志的识别知识。

6.2.1.3 金属非金属矿井通风人员的职业特殊性

主要包括以下内容：

1) 了解金属非金属矿井通风人员在防治金属非金属矿山灾害中的重要作用；

2) 掌握金属非金属矿井通风的任务；

3) 掌握金属非金属矿井通风人员的职业道德要求和安全职责要求。

6.2.1.4 职业病防治

主要包括以下内容：

1) 掌握金属非金属矿山常见职业病危害、职业病、职业禁忌症及其防范措施；

2) 熟练掌握金属非金属矿山从业人员职业病预防的权利和义务。

6.2.1.5 事故报告、急救与避灾

主要包括以下内容：

1) 了解地下矿山避灾系统及避灾设施；

2) 掌握事故报告与现场急救处理的程序；

3) 熟练掌握自救、互救与创伤急救；
4) 熟练掌握金属非金属矿山发生各种灾害事故的避灾方法；
5) 熟练掌握矿山急救器材的使用方法。

6.2.2 安全技术基础知识

6.2.2.1 应了解的考核要点

主要包括以下内容：

1) 矿井通风方式、方法及通风系统；
2) 矿井通风定律，风压、风量变化的原因及其控制措施，气温、气压的变化对矿井有害气体的浓度与通风的影响；
3) 主扇风机和局扇的构造、性能、技术特征、使用方法，风筒的种类和规格；
4) 自动风门的结构、原理和一般维护知识；
5) 矿井自然发火的一般规律和征兆；
6) 外因火灾及其风流控制，CO 和风速监测。

6.2.2.2 应掌握的考核要点

主要包括以下内容：

1) 矿井空气中有毒有害物质的种类、性质、来源、危害和最大允许浓度；
2) 所在矿井的通风、防火、防尘系统；
3) 通风构筑物的种类、作用、结构、应用条件、构筑方法和材料以及修建质量标准；
4) 矿井通风设施一般常见故障的判断与处理方法；
5) 矿井避灾路线；
6) 高温、高硫、放射性矿井的通风作业人员还应掌握所在矿井通风的特殊要求。

6.2.2.3 应熟练掌握的考核要点

主要包括以下内容：

1) 安全规程、技术操作规程和有关安全管理规定；

2)风速、温度的规定及测试方法;

3)局扇和风筒的安装方法,风筒修补质量标准;

4)矿井通风设施的例行维护保养知识及常见故障的处理方法。

6.2.3 实际操作技能

主要包括以下内容:

1)应会读矿井通风系统图;

2)应会熟练进行井下通风情况的检查,会填写检查图表;

3)应能正确布设局扇进行局部通风,保证独头工作面有足够的新鲜风流;

4)应会利用辅扇、局扇、矿井通风设施调节井下通风,判断风向;

5)应能按规定程序熟练开、停主扇风机;进行例行维护保养,会判断和处理一般常见运转故障;

6)应会修建矿井通风构筑物,并利用通风构筑物调节井下风量;

7)应会进行矿井反风。

6.3 复审培训考核要点

6.3.1 了解有关安全生产方面的新的法律、法规、国家标准、行业标准、规程和规范。

6.3.2 了解有关金属非金属矿山生产的新技术、新工艺、新设置、新材料及其安全技术要求。

6.3.3 掌握金属非金属矿山典型事故的致因及同类事故的防范措施。

表1 金属非金属矿井通风作业人员安全技术培训学时安排

项目		培训内容	学时
安全技术知识（56学时）	安全基本知识（16学时）	金属非金属矿山安全生产法律法规与金属非金属矿山安全管理	4
		金属非金属矿山生产技术与主要灾害事故防治	4
		金属非金属矿井通风人员的职业特殊性	1
		职业病防治	2
		事故报告、急救与避灾	3
		案例分析	2
	安全技术基础知识（36学时）	矿内空气及气候条件	4
		矿井通风系统	10
		矿用通风机	4
		矿井通风压力与通风阻力	4
		矿井通风网路风量分配	4
		特殊条件矿井的通风措施	2
		矿山防尘	2
		矿井防火	2
		矿井通风管理	2
		案例分析	2
		复习	2
		考试	2
实际操作技能（24学时）		矿井通风系统图读图方法	4
		井下通风情况检查，检查图表的填写	4
		独头工作面局部通风的风机布设方式和安全技术要求	1
		井下风向的判断方法，井下风量、风向的调节方法	1
		主扇风机的操作要领，例行维护保养流程，一般常见运转故障的判断和处理方法	4
		通风构筑物的修建作业要领	4
		井下反风操作要领及要求	2
		复习	2
		考试	2
合计			80

表2　金属非金属矿井通风作业人员复审培训学时安排

项目	培训内容	学时
复审培训	有关安全生产方面的新的法律、法规、国家标准、行业标准、规程和规范； 有关金属非金属矿井生产的新技术、新工艺、新设备、新材料及其安全技术要求； 掌握金属非金属矿山井下典型事故的致因及同类事故的防范措施	不少于8学时
	复习	
	考试	
合计		

参考文献

1. 王红汉.2006.安全检查工.北京：气象出版社，298
2. 孙华山.2003.金属非金属矿山安全.武汉：湖北科学技术出版社，281
3. 天地大方.2004.非煤矿山安全生产管理与技术.北京：工人出版社，286
4. 国家安全生产监督管理总局.2006.金属非金属矿山安全规程，70
5. 湖北省安全生产监督管理局.2008.湖北省金属非金属矿山事故案例汇编，161
6. 熊远喜.2009.矿山企业气象灾害防御指南.北京：气象出版社，71
7. 熊远喜.2010.金属非金属矿山安全生产管理.武汉：湖北省劳动保护教育中心，174
8. 刘铁民.2004.职业安全健康手册.北京：群众出版社，377
9. 卢齐忠.2002.企业法定代表人安全管理读本.北京：中国社会出版社，265
10. 叶义华.2003.矿井通风工.北京：气象出版社，140
11. 丁世彤.2003.矿山职工安全读本.北京：中国社会科学出版社，201
12. 卢鉴章.2005.安全生产技术.北京：煤炭工业出版社，204
13. 马中飞.2007.工业通风与除尘.北京：化学工业出版社，260
14. 北京职安健科技有限公司.2009.金属非金属矿山安全生产知识普及读本.北京：科学普及出版社，104
15. 李总根.2007.通风机操作工.北京：中国劳动社会保障出版社，64